RESEARCH ON MICROSTRUCTURE, MECHANICAL PROPERTIES AND SURFACE MODIFICATION OF CASTING TITANIUM MATRIX COMPOSITES

铸造用钛基复合材料组织与性能控制及表面改性的研究

王冀恒 著

镇 江

图书在版编目(CIP)数据

铸造用钛基复合材料组织与性能控制及表面改性的研究 / 王冀恒著. — 镇江 : 江苏大学出版社，2019.12
ISBN 978-7-5684-1334-3

Ⅰ. ①铸… Ⅱ. ①王… Ⅲ. ①钛基合金—金属复合材料—研究 Ⅳ. ①TG146.23②TB331

中国版本图书馆 CIP 数据核字(2019)第 302158 号

铸造用钛基复合材料组织与性能控制及表面改性的研究
Zhuzao Yong Taiji Fuhe Cailiao Zuzhi yu Xingneng Kongzhi ji Biaomian Gaixing de Yanjiu

著　　者/王冀恒
责任编辑/张小琴
出版发行/江苏大学出版社
地　　址/江苏省镇江市梦溪园巷 30 号(邮编：212003)
电　　话/0511-84446464(传真)
网　　址/http://press.ujs.edu.cn
排　　版/镇江市江东印刷有限责任公司
印　　刷/句容市排印厂
开　　本/890 mm×1 240 mm　1/32
印　　张/5.625
字　　数/158 千字
版　　次/2019 年 12 月第 1 版　2019 年 12 月第 1 次印刷
书　　号/ISBN 978-7-5684-1334-3
定　　价/38.00 元

如有印装质量问题请与本社营销部联系(电话:0511-84440882)

前　言

钛基复合材料(TMCs)具有高比强度、高比刚度和耐高温、耐腐蚀等众多优异性能,在航空航天等领域具有广阔的应用前景。精密铸造是一种高效的液态近净成形方法,航空航天众多复杂钛合金构件多采用精密铸造工艺成形。对钛基复合材料精密铸件来说,随着增强体的加入,钛基复合材料的流动性急剧下降,充型能力变差,同时由于增强体的存在使复合材料浇注过程中流场、温度场、应力场的分布和变化更加复杂,使铸造缺陷增多,铸件组织和性能更加难以掌控,从而造成铸件的废品率高,铸件的性能达不到要求。因此,合理地设计铸造用钛基复合材料成分,系统地研究铸造用钛基复合材料组织和性能的影响规律、表面改性和界面控制工艺,对于提高钛基复合材料铸件的性能,提升钛基复合材料铸件的品质,推进航空航天科技的进步具有重要的意义。

本书综合国内外钛基复合材料的研究现状,结合铸造用合金的特点,进行成分体系的设计,并详细地研究了不同成分对于钛基复合材料铸造组织和性能的影响规律,并对钛基复合材料的组织演变机制、强化机制和断裂机制进行了阐述。另外,为了提高钛基复合材料的耐蚀性和界面控制,选用化学镀的方法在钛基复合材料表面成功镀覆了纯镍镀层,并在此基础上利用扩散热处理进行界面的控制,为钛基复合材料铸件的性能提升提供了一种可能。

本书共分为7章,第1章介绍钛基复合材料的基础知识,以及常用的钛基复合材料的制备手段和化学改性的基础知识。主要内容包括:钛基复合材料及其制备手段,钛基复合材料的组织及机械性能特点,钛基复合材料的界面,以及化学镀镍和扩散相变的研究。第2章详细介绍铸造用钛基复合材料的成分设计及制备,通过热力学计算,设计了原位自生钛基复合材料的体系,并利用原位自生法制备了(TiB + TiC)/Ti - 6Al - 4V 复合材料,探索了 B4C 添加量对 TMCs 铸造组织和性能的影响,确定了铸造用钛基复合材料 B4C 添加量的控制范围。第 3 章主要研究铸造钛基复合材料的组织演变的机制,通过对 TMCs 精密铸造组织结构的表征分析,总结了钛基复合材料铸造组织的演变规律,并在此基础上利用热力学计算归纳出其组织演变的机制。第 4 章是在第 3 章组织分析的基础上,进一步对铸造钛基复合材料的机械性能进行研究,解释了钛基复合材料的强化机制,利用模拟计算定量解析了 TMCs 多元强化效果,并解释了钛基复合材料的断裂机制。第 5 章介绍常用热处理工艺对钛基复合材料铸造组织和性能的影响,研究了不同温度下的淬火、回火,以及等温转变对钛基复合材料组织和性能的影响规律。第 6 章详细描述钛基复合材料化学镀镍的工艺过程,并讨论了不同工艺参数对镀镍层的影响。第 7 章是在第 6 章的基础上,进一步研究了镍的扩散对钛基复合材料组织和性能的影响,介绍了扩散过程中界面组织变化规律及对钛基复合材料性能的影响。

本书的研究结果对于铸造用钛基复合材料的成分设计、组织和性能控制,以及表面改性和界面的控制研究提供了重要的科学依据。

本书的撰写是在国家自然科学基金项目、江苏省高校优势学科建设工程资助项目、江苏科技大学品牌专业建设项目、江苏省教育厅的“高校优秀中青年教师和校长赴境外研修”项目等的资助和支持下完成的。本书编写过程中参考并引用了诸多国内外专家学者的研究成果,在此向这些作者表示诚挚的谢意。特别感谢上海交通大学吕维洁教授课题组为本书的试验过程提供了非常大的帮助和指导。

由于钛基复合材料技术不断地发展,加之作者的水平及学识所限,书中疏漏之处敬请读者批评指正。

目 录

第1章　绪论

1.1　引言

钛在地壳中的含量非常丰富，被誉为现代金属，是航空、航天、船舶、化工、医疗等众多行业中重要的结构材料。钛及其合金也是一种性能优异的新型材料，钛合金具有众多的优异性能：强度较高，接近优质结构钢，但是密度较低[1]，仅为钢的一半；钛合金耐高温性能好，即使在550～600 ℃仍可以保持较高的比强度[2]。除此之外，钛合金还具有优异的耐腐蚀性能。这些优异的性能使钛合金近几十年来发展得非常迅速。

钛具有两种同素异构体[3-6]，温度低于882 ℃时，钛的存在形式为密排六方结构，称为α-Ti；温度高于882 ℃时，其晶体结构为体心立方结构，称为β-Ti。向钛中添加其他合金元素可以使α-Ti或β-Ti高于或低于相变温度稳定存在，从而改变钛合金的相组成，提高其性能。不同合金元素对α-Ti→β-Ti的转变温度具有不同影响，大体分为三类：α稳定元素、β稳定元素和中性元素。α稳定元素可以提高转变温度，扩大α相区，常见元素有Al、B、O、N、C等。β稳定元素会降低转变温度，使β相区扩大，常见元素有V、Mo、Nb等。中性元素虽然能大量溶解于α相和β相，甚至完全互溶，但对其转变温度的影响不大，常见的有Zr、Sn等。根据退火后稳定存在相的组织结构，钛合金一般分为α钛合金、β钛合金和α+β钛合金。α钛合金组织稳定，强度高，热塑性、热稳定性能好，在500 ℃以下可长期工作，常用于制作各种锻模件，如大半径的飞机蒙皮。β 钛合金具有非常好的冷成型性和淬透性,快速冷却可以使大量 β 相保留至室温,通过时效处理,可以从过饱和的 β 相中析出大量细小弥散的 α 相,从而提高合金的强度和断裂韧性。但由于其弹性模量低、密度大、热稳定性较差等,β 钛合金一般只用于 200 ℃以下的工件,常用于飞机结构件和紧固件如铆钉、螺栓等。α + β 钛合金由于同时含有 α 和 β 的稳定元素,两相可以相互加强,并可利用热处理进行强化。Ti - 6Al - 4V 合金就是典型的一类 α + β 钛合金[7,8]。这类合金热处理后具有良好的综合机械性能,强度高,塑性也好,又有优异的耐腐蚀性能,常用于 400 ℃以下工作的零件,如火箭的发动机外壳、航空发动机叶片、压气机盘和其他结构锻件[9]。

进入 21 世纪,由于传统钛合金的性能提升空间有限,因此难以满足日益发展的高科技对性能的要求。一些工业技术发达的欧美国家展开了钛基复合材料(TMCs)的制备和应用研究,以争夺在钛材技术和市场上的优势。钛基复合材料(TMCs)的研制始于 20 世纪 70 年代。到 80 年代中期,美国航天飞机的成功研制、整体高性能涡轮发动机技术的开发,以及欧洲各国、日本同类发展计划的实施推动了钛基复合材料的发展。其中,颗粒增强钛基复合材料具有机械性能提高幅度大、各向同性、易于加工、技术经济效益明显等优势,引起了社会的广泛关注[10,11]。如美国爱荷华州的 Dynamet 开发的 TiC 增强的 Ti - 6Al - 4V 基复合材料[12-14],可用于制作导弹尾翼、导弹外壳、飞机发动机等零件[15];日本住友金属工业公司研制开发的 TiC 弥散增强的钛基复合材料,可用于输送次氯酸矿浆用泵的叶轮、发动机进气阀、造纸辊、海水泵轴承、电池用模具等[15,16];日本本田开发研制的 TiB 增强的钛基复合材料,也成功应用于汽车发动机连杆[15,17]。钛基复合材料在众多领域的实际应用体现了它的研制开发的价值。我国钛资源丰富,钛材的生产也逐渐形成规模,但与美、日、俄等世界产钛强国相比,对钛基复合材料作为应用课题的研究仍处于起步阶段。

1.2 钛基复合材料及其制备手段

1.2.1 钛基复合材料及分类

钛基复合材料(TMCs)是指以钛或其合金作为连续相的基体,以另一种材料,一般为高模量、高强度的陶瓷相作为第二相,而构成的复合材料。根据增强体的不同形貌,钛基复合材料一般分为连续纤维增强和非连续颗粒增强两大类。纤维增强钛基复合材料是利用无机纤维或金属纤维等增强钛合金得到的材料。连续纤维价格昂贵、复合材料的加工工艺复杂、各向异性等不利因素导致其应用受到限制。颗粒增强钛基复合材料主要是指钛合金中加入一种或几种高强度、高模量、低密度的晶须、短纤维或颗粒状硬质陶瓷相作为增强体的一类复合材料。与连续纤维增强钛基复合材料相比,颗粒增强钛基复合材料具有各向同性、易于加工等特点。其力学性能(尤其高温力学性能)提升幅度大,加工方式与常用钛合金加工方式相似,成本与钛合金接近,从而引起了社会的广泛关注,在军事和民用领域中获得了实际应用。

1.2.2 钛基复合材料制备方法

目前,颗粒增强钛基复合材料的制备手段主要有粉末冶金法、自蔓延高温合成法、反应热压法、放热扩散法、机械合金化法、熔铸法等。每种制备方法都有各自的优缺点,应根据不同的要求去选择不同的制备工艺手段,也可以根据各制备手段的优势,采用不同制备方法相结合的方式。

(1) 粉末冶金法[18-20]是目前制备颗粒增强钛基复合材料采用较多的一种方法。该制备工艺首先将基体粉末和增强体颗粒均匀混合,再经过压制成型、烧结、热等静压等多道工序制备形成。目前该方法常与原位合成法结合来制备钛基复合材料,如 Wanjara P. 等[21]和 Fan Z. 等[22]就分别用此类方法制备了 TiC 或 TiB 增强的钛基复合材料。但这类制备方法对设备要求高,工序复杂,最主要的是难以制备大型零件和大批量生产。

(2) 自蔓延高温合成法(SHS)是利用混合体系中发生的放热反应使体系的反应自发而持续地进行,从而形成金属陶瓷或金属间化合物的一种制备方法。该方法生产过程简单,反应迅速,但反应过程无法控制,且产品的孔隙率较高,必须在制备后采用致密手段消除孔隙率。Nakane S.[23],Yamamoto T.[24]等用 Ti 粉和 B 粉压制成型,利用自蔓延高温合成和随后的致密过程,制备了致密度较高 TiB 增强的钛基复合材料。利用自蔓延高温合成法制备的钛基复合材料表现出较高的硬度和断裂强度,以及优良的耐磨性能。

(3) 反应热压法(RHP)是利用热压过程中混合粉末间的反应原位形成增强体的一种加工合成方法。黄陆军[25,26]、Tjong S. C.[27]和 Ma Z.[28]利用该方法制备了不同体积分数的 TiB 增强钛基复合材料。黄陆军等人[25,26]研究发现反应热压法生成的增强体沿基体晶粒形成三维的网状结构,从而使复合材料的强度大大提高。

(4) 放热扩散法(XD™)是将形成增强体的混合粉末和基体合金的粉末均匀混合,加热到基体熔点与增强体熔点之间的温度,利用粉末放热反应在基体合金半固态熔液中形成增强体。原位生成的增强体与基体界面干净,有助于提高材料的各项性能。张二林等[29,30]用该技术制备了 TiC 增强的钛基复合材料,并研究了 TiC 在基体中的分布形式和形貌演变。研究发现,生成的 TiC 主要由树枝状和等轴状两种不同的形貌构成,TiC 颗粒宏观上在基体内均匀分布,但是等轴状的 TiC 主要在晶界上分布。

(5) 机械合金化法是一种利用高能球磨将混合粉末变形、破碎、焊合、再破碎、再焊合,经过如此多次的反复过程使粉末细化以达到纳米级别,粉末表面活化,相互扩散加强,且产生大量的晶格畸变,使其热力学和动力学过程与普通固态不同,从而制备出常规条件下难以形成的合金。但该方法工艺复杂,难以工业化生产,并且钛比较活泼,球磨过程中容易发生氧化。冯海波等[31,32]利用机械合金化法结合等离子烧结技术制备了 TiB 增强的钛基复合材料,并研究了 TiB 的分布和晶体结构,以及对材料机械性能的影响。研究发现,通过 TiB_2 和 Ti 之间的原位自生反应生成的针状 TiB 在基体上分布均匀。复合材料强度达到 1 007 MPa,弹性模量达到 146 GPa,断口分析表明所有复合材料都表现为脆性的解离断裂。

(6) 熔铸法是采用钛合金传统的熔炼方法,将增强体的反应物与钛合金原料一起熔炼,利用熔炼过程的热能促进原位反应,形成原位自生钛基复合材料。一方面,由于增强体的生成反应是在熔炼过程中原位形成的,具有干净的基体和增强体界面;另一方面,在不改变钛合金熔炼设备的条件下制备钛合金复合材料,同时可以利用钛合金的铸造成型方法进行成型,大大降低了钛基复合材料的生产成型成本。因此这种方法具有进行大批量工业化生产的应用前景。吕维洁[33-37],Chandravanshi V. K. 等[38]利用自耗真空电弧炉以传统的熔炼钛合金的方法制得了 TiC、TiB 和 La_2O_3 等一元或多元增强的钛基复合材料,并分析了不同增强体的形貌特点和钛基复合材料的机械性能。Chandravanshi V. K.[38]研究发现,添加 0.2 wt.% 的 B 可以细化复合材料的铸态组织,但是对机械性能影响不大。通过轧制和热处理之后,与基体合金相比,复合材料的屈服强度和断裂强度明显提高,延伸率并未出现降低。Choi B. J.[39,40],Sung S. Y.[41],Kim I. Y.[42]等人利用真空感应熔炼的方式制备了 TiB 和 TiC 复合增强的钛基复合材料,并研究了钛基复合材料的组织和机械性能变化。Choi B. J.[39,40]研究发现制备复合材料的 B_4C 粉末粒径不同,对制备出的复合材料具有很大的影响。利用细小粒径的 B_4C 粉末通过原位自生反应形成的 TiC 和 TiB 更加细小,分布也更均匀。制备出的钛基复合材料的延伸率和强度比用粗粒径 B_4C 粉末制备的都有所提高。

1.3 钛基复合材料的组织特点及机械性能

1.3.1 增强体的形貌

目前,钛基复合材料中添加的增强体主要有 3 类:氧化物、碳化物和硼化物。其中氧化物主要有 La_2O_3[37] 和 Y_2O_3[43],碳化物主要有 TiC[44]和 SiC[45],硼化物主要有 TiB[43,46-48]和 TiB_2[49,50]。钛基复合材料中的增强体受制备手段、增强体含量和处理方法的影响,其形貌也具有多样化的特点。

Wei Z. J. 等[51]研究了熔铸法制备的 TiC/Ti-6Al-4V 复合材料中 TiC 的形貌变化。研究发现,熔铸法制备的 TiC 含量同为 10 vol.%的TiC/Ti-6Al-4V 复合材料中,TiC 随着复合材料制备时碳的来源不同,形貌出现了变化。如果以 TiC 为来源制备复合材料时,TiC 表现为粗大的枝晶形貌,如图 1-1 a 所示;而如果以碳粉作为来源制备时,TiC 为细片状或短棒状的共晶形貌,如图 1-1 b 所示。除此之外,合金元素对 TiC 的形貌也具有非常大的影响,Ni 会促进枝晶的生长,如果添加 Sn 则会限制其生长,使 TiC 更加细小。Lin Y.[52]利用萃取的办法观察了复合材料中 TiC 的立体形貌,发现制备的 TiC 具有典型的树枝结构,利用深入基体中相互链锁的枝晶臂可以有效地分担应力的传递。除此之外,冷却速度对于 TiC 的形貌、分布和数量都具有非常大的影响。快速的冷却会促进细小 TiC 枝晶的产生,减小二次枝晶臂的距离和枝晶的数量,从而使复合材料的强度和延伸率大大提高。张二林等[53]研究了高温热处理对 TiC 形貌的影响,发现如果温度升高到 1 200 ℃以上可以使铸态 TiC 枝晶发生球化,将对钛基复合材料的热加工稳定性具有重要的意义。

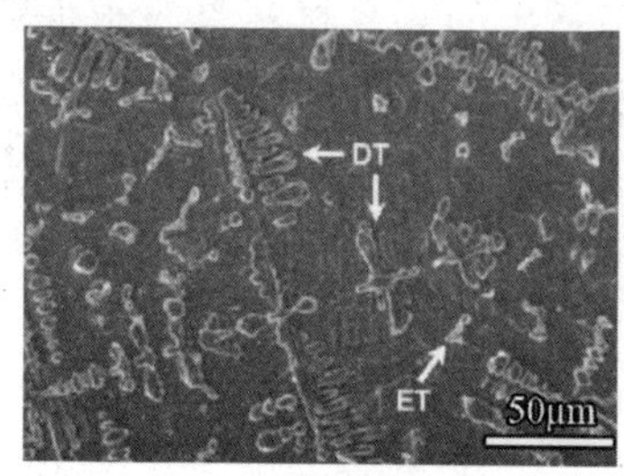

(a) TiC枝晶形貌(DT)

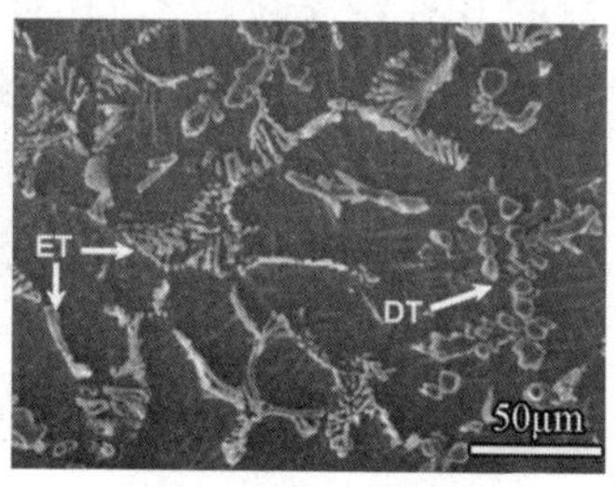

(b) TiC共晶形貌(ET)

图 1-1 不同碳来源的 10 vol.%TiC/Ti-6Al-4V 复合材料铸态组织形貌[51]

Kooi B. J. 等[54]利用激光烧结技术制备了 TiB 增强的钛基复合

材料涂层，对其中TiB的形貌进行了详细描述。通过对样品的深腐蚀SEM图观察发现TiB主要有三种不同的形貌，如图1-2 a所示。第一种是直径为200 nm、长约15 μm的细针状TiB，第二种是厚度约为1 μm、长边和短边分别为15 μm和3 μm的片状TiB，第三种是直径3 μm、长度可以达到50 μm的粗针状的TiB，并且这类粗化的TiB往往是中空的，如图1-2 b所示，在腐蚀之前TiB中间的孔内充满了金属Ti。其中粗针状的TiB全部都是B27结构，而片状的TiB是以B27结构为核心，以Bf结构在外围生长形成的。吕维洁等[55-57]研究了熔铸法制备的钛基复合材料中针状TiB的晶体结构和生长机制，发现TiB的针状形貌特点是由其B27结构引起的，TiB在生长时容易沿着[010]方向生长，从而形成针状结构。Fan Z.等[58]研究了预先热处理对TiB形貌的影响，发现热处理可以改变固溶时效后针状TiB的形貌。如果在700 ℃以下热处理时会引起等轴状的TiB的析出，而热处理对TiB的形貌改变只是针对固溶时效析出的TiB，对凝固结晶时析出的TiB没有效果。Panda K. B.等[59]通过改变反应烧结中的成分配比研究了TiB的形貌和分布，在研究中发现基体中TiB晶须具有两种不同的形貌，分别是零散分布的针状TiB和细小的二次TiB晶须。

(a) Ti/TiB复合材料涂层的深腐蚀SEM形貌

(b) 粗化TiB的SEM细节

图1-2　TiB的不同形貌[54]

冯海波等[60]还在TiB上观察到了大量层错的存在，通过高分辨电镜HREM分析发现，这些层错主要是由于硼原子在晶胞中的堆垛，在TiB/Ti界面上形成的错配度造成的。Kitkamthorn U.等[61]

还在 Ti－44Al－4Nb－4Zr－1B 钛基复合材料中发现了丝带状的 TiB 的形貌，通过 TEM 的详细分析发现，其中 TiB 的结构主要为 Bf 和 B2 结构，而非 Ti－Al－B 三元体系中的 B27 结构。

1.3.2 钛基复合材料的机械性能特点

随着增强体的加入，钛基复合材料的机械性能得到大幅度提高，很多研究学者都对其强化机理进行了分析和阐述[62－64]。马凤仓等[63]分析了 TiC 增强的钛基复合材料的增强机制，发现高温和低温增强机制是不一样的，在室温时，材料主要是由于 C 的固溶强化引起的强度增加，而高温时 TiC 逐渐起到不可或缺的作用。Mimoto T. 等[65]用粉末冶金的技术制备了 TiC 增强的钛基复合材料，TiC/Ti 复合材料相对于传统 Ti－6Al－4V 合金，展现出了优异的力学性能，其屈服强度高达 837 MPa，抗拉强度高达899 MPa，延伸率为 18.7%。复合材料强度的提高主要归功于三方面因素，其中细晶强化因素大约占到总屈服强度提升的 23%，固溶强化因素占 18%，而 TiC 的弥散强化是复合材料强度提高的主要因素，占比高达 58%。刘延斌等[66]利用高能球磨制备了 TiC/Ti 复合材料，通过研究发现，添加 VC 与添加 Mo_2C 对复合材料强度具有不同的影响，随着 VC 含量的增加，强度上升；但是随着 Mo_2C 含量的增加，强度下降，下降的原因主要是与生成的 TiC 的均匀性有关。Koo M. Y. 等[46]分析了 TiB 晶须的体积分数和长径比对复合材料机械性能的影响，发现复合材料的弹性模量和屈服强度都随着增强体 TiB 体积分数的增加而提高，而 TiB 的长径比的增大有助于增加 TiB 强化的有效性，是复合材料的机械性能提高的主要影响因素。耿林等[67,68]用热压烧结法制备了原位自生 TiB/Ti－6Al－4V 复合材料，并研究了 TiB 的分布对材料力学性能的影响，研究发现，增强体形成的准连续网状结构使材料的强度明显增加，因此通过设计和控制这种网状结构可以调整复合材料的强度和延伸率。

肖旅等[62]研究了添加 TiC、TiB 和 La_2O_3 对复合材料力学性能的影响。研究总结了复合材料强度提高的原因主要有两个，一是 TiB 对负载的分担作用，二是 TiC 和 La_2O_3 的弥散强化作用。TiB

晶须的长径比对复合材料的强度的提高具有较大的影响。同时他们还发现,当 TiB 体积分数较低时,由于具有较大的长径比,TiB 在整个高温区域都具有较好的强化作用,因此对高温强度具有更好的提升作用。吕维洁等[64,69]用普通熔铸法制备(TiB_w + TiC_p)/Ti6242 复合材料,通过室温拉伸试验和理论分析,发现原位自生 TiB 和 TiC 的加入,显著提高了复合材料的强度和弹性模量,然而塑性下降得较为显著。其强化机制归结为 TiB 和 TiC 的第二相强化、增强体对基体组织的细晶强化,还有锻造引起的位错强化;同时还发现,碳的加入会进一步改变材料的凝固结晶路径使晶粒细化,因此会使强度和延伸率得到提高。郭相龙等[70]通过对原位自生法制备的(TiB + La_2O_3)/Ti 复合材料进行不同变形量的轧制,研究了变形量对 TiB 和 La_2O_3 混杂强化的钛基复合材料的力学性能的影响,研究发现随着变形量的提高,(TiB + La_2O_3)/Ti 复合材料的强度和延伸率都在增加;综合考虑 TiB 和 La_2O_3 引起的第二相强化和组织的细晶强化,建立了复合材料屈服强度强化机制的数学模型,并探讨分析了钛基复合材料强度随轧制变形量提高而增加的原因:一是材料的细晶强化,二是 TiB 在轧制中的转动使其轴向趋向于平行拉伸方向,从而使强度增加。

总之,与基体合金相比,钛基复合材料由于增强相的加入,其弹性模量、室温强度、高温强度都出现了大幅度的提高,但是一般情况下其延伸率都出现了不同程度的下降。

1.4 钛基复合材料界面研究

由于材料制造工艺水平的限制和钛合金基体与陶瓷增强体之间弹性模量的差异,陶瓷增强体嵌入钛合金基体后会导致材料性质的不连续,使得复合材料在受力后易于在增强体和基体的界面处发生应力集中,产生大量微裂纹,从而直接影响材料的宏观性能,缩短其使用寿命。为了更好地解决这些问题,在钛基复合材料的研究设计中引入功能梯度材料的概念,即在基体和增强体之间引入一个合理的功能梯度界面,作为一个过渡层。通过引入梯度界面的方式,可减小钛合金基体和陶瓷增强体之间的弹性模量差距,从而大幅度地减缓其应力集中的现象,增强其强度和韧性,这将使得材料的性能在原有的基础上得到一个较大的提升。

1987 年,日本材料学家新野正之[71]等首次提出功能梯度材料的概念。它是为了适应新材料在高技术领域的需求,达到在极限温度下反复正常工作而研制的一种新型复合材料。功能梯度材料是指通过连续地改变两种材料的结构、组成,最大限度地减少其内部界面,从而得到能相应于组成与结构的变化而性能渐变的新型非均质复合材料。功能梯度材料的特点是其组成和显微结构不仅是连续分布的,而且是人为可控的[72-74]。在相对较复杂的环境下使用时,功能梯度材料具有更大的优势,根本原因就在于其结构的特殊性——过渡界面,由于界面两侧不同的成分在界面上可以相互渗透,相互过渡,因此可以形成一个具有梯度的过渡界面,界面两侧的不同性能也就通过这样一个过渡界面达到一个完美结合。

因此,为了减小钛合金基体和陶瓷相增强体之间弹性模量差距大的问题,在钛合金基体和陶瓷相增强体之间引入一个梯度界面,从而形成一个过渡层,以达到普通功能梯度材料产生的效果,这对于钛基复合材料在某些方面性能的提高具有一定的研究意义。

1.4.1 界面的基本概念

界面就是复合材料中两种或两种以上异种材料的接触面,其中的复合材料大多是由两种或多种化学和物理性质不同的以宏观或微观形式复合而成的多相材料。一般而言,界面会在复合材料的制造过程中产生,界面左右两侧的组元互不相同,这些组元相互接触,其中的元素便会发生相互扩散、相互溶解、相互反应,从而产生新的相,这些新产生的相就称为界面相[75]。界面是复合材料极为重要的微结构,连接着增强体和基体,其结构与性能对复合材料的性能产生很大的影响。

1. 界面的定义

界面指增强体和基体之间化学成分有明显变化,构成彼此结合、能起载荷传递作用的微小区域。本书中的界面指钛基复合材料中陶瓷增强体即 TiC 和 TiB 增强体和 Ti 基体之间存在的微小区域。

2. 界面效应

在复合材料中,界面存在 5 种主要的界面效应,分别是:传递效应(将外部载荷由基体传递到增强体,起传递作用);散射和吸收效应;阻断效应(阻止裂纹扩展,减缓应力集中);诱导效应(某种物质的表面结构使另一种与之接触的物质的结构由于诱导作用而发生改变);不连续效应(在界面处物理性能的不连续性)。界面上的这些效应使其区别于其他所有的单体材料,对复合材料具有重要的作用。上述效应在钛基复合材料的界面上也有所体现,因为增强体和基体之间的界面,有效地传递了外部的载荷,物理性能产生了不连续性,也产生了一定的诱导效应。

1.4.2 功能梯度界面

20 世纪 80 年代,日本的科研工作者提出了功能梯度材料的概念。近些年来,由于复合材料之间存在的应力集中,容易产生微裂纹等问题。为了解决这些问题,研究人员借鉴 20 世纪 80 年代由日本研究人员提出的功能梯度材料的概念,在材料的研究设计中引入功能梯度界面。因此,功能梯度界面和功能梯度材料之间具有相似的相关概念。

1. 功能梯度材料的概念及特点

功能梯度材料的构想最早是日本研究人员于 20 世纪 80 年代前后提出的。它是指由于材料的位置状态不同,其微观组成和性能呈现梯度变化的一种新材料。功能梯度材料的基本概念为:根据实际要求,通过连续地改变两种不同性质的材料的组成和结构,使其内部的界面消失,进而得到性质及功能随组成和结构的变化缓慢改变的非均质材料,从而克服结合部位性质不连续的因素。

该类材料具有连续的组分变化形式,可以承受较高的机械载荷,具有较高的机械强度、抗热冲击性能、耐高温性能(达 2 000 ℃

以上)等特点。它是适应航空航天、国防等高新技术领域的特殊要求而发展起来的一种新型复合材料,被认为是在高温环境下最有发展潜力的复合材料之一[76,77]。

2. 功能梯度界面

参照功能梯度材料的定义,功能梯度界面是指复合材料中增强体和基体之间的一种微观组成和浓度呈现梯度变化保持连续性的界面。它一般是通过两相之间的扩散形成的。功能梯度界面的存在可以大幅度地减缓应力集中现象,增强材料内部的强度和韧性等。

1.4.3 钛基复合材料中存在的界面

钛基复合材料主要由钛基体与陶瓷增强相 TiB 和 TiC 组成,其中钛基体主要由 α - Ti 和 β - Ti 组成,因此钛基复合材料各相之间存在大量的相界面,尤其是增强体和基体相之间的界面,对材料的性能具有重要的影响。

1. 钛基复合材料中 TiC/Ti 的界面反应

曾泉浦[78]等详细研究了 TiC 颗粒强化钛基复合材料的界面反应,如果 TiC 粒子以独立相存在,均匀地分布在钛合金基体上,与基体合金具有良好的结合能力,其结合界面很窄。界面反应是 TiC 粒子的降解反应,反应的结果是在 TiC 粒子周围形成非化学计量界面层。该反应界面是 C 原子和基体中 Ti 原子互扩散的结果,主要是 TiC 粒子降解反应引起的 C 原子向基体内扩散的失碳层。由于碳原子向基体中扩散,因而形成的非化学计量的界面层[79]就不是一个单一的结构,而应该是一个 C 浓度的连续变化层,该界面层不存在一个突然变化的拐点,也就无法形成新的碳化物相。界面反应具有可逆的特性,反应界面层的宽度随着热处理加热温度而变化:高温加热,界面反应加速,界面变厚;缓慢冷却,C 原子重新沉淀,界面变薄。对复合材料的研究而言,这种可逆的特性可以方便地实现界面反应层厚度的有效控制[80],意义十分重大。

2. 钛基复合材料中 TiB/Ti 界面的微结构研究

吕维洁[81]等研究了原位(TiB + TiC)/Ti 复合材料中 TiB/Ti 界

面的微结构,研究表明:增强体 TiB 的生长晶面分别为(100)、(101)和$(10\bar{1})$,晶面(100)和(101)之间的夹角为126.5°,与理论值126.7°非常相近;TiB 晶须与钛合金基体之间的界面很光滑、平直,无中间相存在;在[010]方向上,TiB 和基体钛合金之间存在如下的位相关系:$[01\bar{1}0]_{Ti}//[010]_{TiB}$,$(\bar{2}110)_{Ti}//(100)_{TiB}$和$(0002)_{Ti}//(001)_{TiB}$;在[001]方向上,TiB 和基体钛合金之间存在如下的位相关系:$[01\bar{1}0]_{Ti}//[001]_{TiB}$,$(0002)_{Ti}//(200)_{TiB}$和$(\bar{2}110)_{Ti}//(010)_{TiB}$;由相关衍射图谱也可确定如下的位相关系:$[01\bar{1}0]_{Ti}//[001]_{TiB}$,$(0002)_{Ti}//(010)_{TiB}$和$(\bar{2}110)_{Ti}//(200)_{TiB}$,因此,TiB 的(010)面平行于钛的$(\bar{2}110)$面,而不是平行于钛的(0002)面;TiB 与钛在界面处的结合为直接的原子结合,结合较好,这也就是原位合成(TiB + TiC)/Ti 复合材料具有较好的机械性能的微观原因。

1.5 化学镀镍及复合镀技术研究

根据功能梯度材料的概念,在钛合金基体和陶瓷相增强体之间制备一个过渡相界面,达到缓和钛合金基体和陶瓷相增强体弹性模量差距大的问题,有助于提高复合材料物理和化学性能。钛镍之间的互溶性良好,并且存在多种不同的金属间化合物相。基于此,可以利用化学镀镍的方法,在钛基复合材料表面制备富镍镀层,再通过一系列的扩散热处理工艺,以期调控镍钛相变,控制中间相的形成,从而达到在钛基复合材料中各相之间制备梯度界面,改善钛基复合材料性能。

1.5.1 化学镀技术的特点及应用

化学镀是一种能够提高材料表面耐蚀性和耐磨性的表面强化工艺,在20世纪50年代,国外就已经开始大量关于化学镀工艺的研究,并且通过不断的试验得出了较为完善的工艺方法,镀液寿命得到延长,成本也有所降低,因此可以广泛地应用到工业生产领域当中。目前,化学镀技术在航空航天、电子、机械、石油化工等领域得到广泛应用。如今国外经过多年试验已相继研究出新的工艺方法,而我国在化学镀方面的研究虽然起步较晚,但是发展速度较快。经过近10年的努力,化学镀技术已被应用到众多工业领域。化学镀技术的完善和成熟是从理论到试验,再到生产和应用的一个逐步进行的过程[82]。

化学镀是通过溶液中的特定还原剂使金属离子在镀件表面的自催化作用下进行还原反应的金属沉积过程,也称为自催化镀、无电解电镀[83]。化学镀的实质是氧化还原反应,无外加电源、有电子转移的化学沉积过程。与电镀相比,化学镀具有以下优点:

(1) 化学镀可用于多种材质的基体,如金属、非金属、半导体、陶瓷、玻璃等。

(2) 化学镀所得镀层非常均匀,镀液具有很高的分散能力,无边缘效应。因此可以应用于形状较复杂的工件、管件内壁、腔体件、盲孔件等工件的表面施镀。而电镀法由于电力线分布不均匀,很难达到这种要求。化学镀可得到厚度均匀且表面平整光洁的镀层,又容易控制,基本不需要后续加工,因此适用于选择性施镀及修复加工较差的工件。

(3) 化学镀法经过活化、敏化等预前处理,可以在陶瓷、玻璃、塑料及半导体材料等非金属、非导体材料表面进行施镀,而电镀法只能用于导体材料。因此,化学镀工艺常应用于非金属的表面金属化,也用于非导体材料电镀前做导电底层。

(4) 化学镀工艺所需设备简单,无须电源、辅助电极和输电系统,施镀时只需将工件悬挂于镀液中。

(5) 化学镀是靠金属的自催化活性施镀,所得镀层与基体结合力明显优于电镀,镀层光亮,平滑、致密,且孔隙率低,具有良好的防腐蚀性能。

(6) 化学镀可以获得任意所需厚度的镀层,还可以进行电铸。

(7) 化学镀所得镀层具有优异的化学和机械性能。化学镀镍作为功能性镀层,具有较高的硬度、良好的耐磨性和耐腐蚀性能。

目前,化学镀镍在多种金属和非金属基材的模具、机械零件的磨损修复、电镀前导电层等方面得到广泛应用,材料表面进行化学镀镍后变得更加光滑平整,耐磨性能得到提高。化学镀镍由于配制成本低,镀液稳定,操作简便,因此被广泛应用于各个领域,在化学镀市场占有很高的比例。

1.5.2　化学镀镍磷镀层的特点

在化学镀中,化学镀镍磷镀层具有优异的耐腐蚀性、良好耐磨性和较高的硬度,因此得到更多的关注、研究和应用,应用前景也最为广阔。化学镀镍磷镀层适用于多种材料,包括铜、铁、钢、合金等金属材料,以及陶瓷、玻璃、塑料等非金属材料。化学镀镍磷可得到综合性能优异的镀层,其优点表现在以下几个方面:

(1) 镍磷镀层比较均匀。化学镀镍磷的原理是镀液中的离子在材料基体表面的自催化氧化还原反应,不会产生电镀中出现的边角效应,且可以应用于任意形状的工件。工艺操作简单,只要做好预处理,就能得到平整均匀的镀层。镀层厚度一般为 20 ~ 40 μm。

(2) 镍磷镀层与基体结合力较强。任何镀层与基体材料的结合能力都会对材料的使用寿命产生很大影响,化学镀镍磷也不例外。因此,经过划痕试验、压扁试验、耐蚀试验等试验方法的检测,镍磷镀层与基体具有良好的结合力。

(3) 镍磷镀层硬度高、耐磨性能好。镍磷镀层的特点是硬度高、韧性低,经热处理后硬度将进一步提高,耐磨性也随之增强。镍磷镀层的晶体结构与络合剂、添加剂,以及镀液中磷的含量都有关系。镀层经过热处理后,晶体结构由非晶态转变为晶态,生成镍磷化合物,从而提高镀层硬度。镀层中含磷量越高,热处理后硬度也会越高,耐磨性能更加优异。

(4) 镍磷镀层具有优异的耐腐蚀性能。镀层的耐蚀性能由其原子结构决定。镍磷镀层属于非晶态结构,没有位错、晶界等晶体缺陷,组织单一均匀,不易发生电偶腐蚀;镀层均匀致密,能够有效地将基体材料与周围腐蚀介质隔离开来,不易产生点蚀等局部腐蚀,因此镍磷镀层的耐腐蚀性能良好。含磷量越高,镀层耐蚀性能越好，但在碱性溶液中，低含磷量比较耐腐蚀。镍磷镀层在强氧化性介质中不耐腐蚀，如氯化铁、硝酸、亚硫酸等。镀层的孔隙率直接影响镀层的耐蚀性能，而孔隙率与镀液中加入的络合剂有关。此外，镀层的耐蚀性还与基体材料的材质、表面形貌有关。

（5）镍磷镀层具有优异的电特性。镀层的组成不同，其导电性、电阻、绝缘性、热传导性、焊接性等特性也不同。镍磷镀层电阻比纯镍的大，且含磷量越大，电阻越大。制作电脑硬盘时，在铝合金基底和磁性记录膜之间进行化学镀镍磷，以确保铝合金基底在工作过程中不发生变形，同时赋予其较高的硬度和耐磨性能，还满足了无磁性的需求。近年来，化学镀镍磷已成功应用于电脑磁盘的生产中。含磷较少的镍磷镀层焊接性能较好，航空工业中部分铝材零件进行化学镀镍磷后可直接焊接。

（6）化学镀镍磷工艺适用范围广。化学镀镍磷在钢、铁、铝、铜、钛及其相关合金等基体材料表面均可进行。对于钛基复合材料来说，由于其组成的特殊性，实施电镀工艺较为困难，而化学镀法正是一种可以取得良好效果的施镀工艺。

虽然镍磷镀层具有较高的硬度、良好的耐磨性和优异的耐蚀性，在众多领域得到广泛应用，但是在高温条件下，镍磷镀层硬度下降较快，耐磨性和耐蚀性也会随之降低，因此无法满足使用需求。近年来，发现在镀液中加入一些固体颗粒，如石墨、PTFE、金刚石等，可以使镀层在较高温度下保持较高的硬度、耐磨性和良好的耐腐蚀性能[84]。

1.5.3　化学镀镍磷沉积原理

1. 化学镀液的沉积反应

从水溶液中沉积镍的化学镀工艺，按所用还原剂的种类可以分为3类：以次亚磷酸盐为还原剂、以联氨为还原剂和以硼氢化合物为还原剂，其中以次亚磷酸钠为还原剂的化学镀液最常用[85]。本章采取的工艺就是以次亚磷酸钠为还原剂。尽管化学镀液的配方、工艺不尽相同，但反应所涉及的原理具备以下共同点：

① 镀液中镍沉积的同时有氢气生成；

② 镀层中除了镍以外，还含有少量的磷等元素；

③ 基体表面经过适当的预处理后，反应可在各种基体表面上发生，并且会在已经生成的镍层上继续沉积；

④ 反应产生 H^+，镀液的 pH 值会降低；

⑤ 还原剂利用率不能达到 100%。

本章选择的化学镀液以次亚磷酸盐和镍盐为主，其他还包括络合剂、稳定剂、缓冲剂、加速剂等添加剂。表 1-1 中列出了化学镀液中各种成分及其所起到的作用。

表 1-1 镀液成分及作用

成分	作用	举例
镍离子	金属来源	氯化镍、硫酸镍
次亚磷酸盐粒子	还原剂	次亚磷酸钠
络合剂	形成镍的络合物，防止游离镍离子浓度过量，从而稳定溶液，防止亚磷酸镍沉淀，还可起到缓冲作用	乳酸、柠檬酸钠
加速剂	活化次亚磷酸盐离子，加速沉积反应	氟化物、硼酸盐
稳定剂	通过遮蔽催化活性核心，防止溶液分解	铅、锑、砷、铬或 KIO_3
缓冲剂	长期控制 pH 值	某些络合物的钠盐
润湿剂	提高将镀表面的浸润性	离子或非离子表面活性剂
pH 值调整试剂	连续调整 pH 值	硫酸、盐酸、氢氧化钠溶液

次亚磷酸盐化学镀镍的反应式表示如下：

$$H_2PO_2^- + H_2O_{吸附} \rightarrow HPO_3^- + H^+ + 2H_{吸附} + e \tag{1-1}$$

$$Ni^{2+} + 2H_{吸附} \rightarrow Ni^0 + 2H^+ \tag{1-2}$$

$$2H \rightarrow H_2 \uparrow \tag{1-3}$$

$$H_2PO_2^- + H_2O_{吸附} \rightarrow H_2PO_3^- + 2H^+ + 2e \tag{1-4}$$

$$H_2PO_2^- + H_{吸附} \rightarrow H_2O + OH^- + P \tag{1-5}$$

$$3H_2PO_2^- \rightarrow H_2PO_3^- + H_2O + 2OH^- + 2P \tag{1-6}$$

相应的反应依次如下：

① 反应物(Ni^{2+}、$H_2PO_2^-$)在溶液中扩散；

② 反应物在催化表面上吸附；

③ 在催化表面上发生化学反应；

④ 产物(H^+、H_2、$H_2PO_3^-$)等从表面层脱附；

⑤ 产物扩散离开表面。

上述反应步骤中，速度最慢的是整个沉积反应的控制步骤。由反应式(1-5)和(1-6)可知，在镍生成的同时还伴随磷的生成。因此，化学镀液中以次亚磷酸盐为还原剂，得到的镀层中实际上含有少量的磷，磷含量一般在10%左右。

2. 影响化学镀镍沉积速度的因素

镀速是影响经济效益的重要因素。在众多工艺参数中，温度和pH值对镍的沉积速度影响最大。化学镀镍一般在65 ℃以上的温度下进行，试验中施镀温度一般为70～95 ℃。升高温度可以显著提高镍的沉积速度。另一个影响镀速的主要因素是化学镀液的pH值，由式(1-2)可知，当生成镍时，H^+的浓度也会随之升高，因此化学镀液的pH值必然影响反应进行的速度，进而影响镀层生成的速度。随着镀液pH值的升高，H^+的浓度下降，这加快了生成金属镍的反应速度，镀速得到提高。此外，主盐浓度、还原剂浓度、缓冲剂、稳定剂、络合剂、加速剂含量等都会对镀速产生不同程度的影响[86]。

1.5.4 化学复合镀技术的特点及应用

随着航空航天、机械、电子等工业的迅猛发展，人们对材料性能的要求越来越高，Ni－P镀层已逐渐难以满足应用需求。因此，众多科研人员将注意力集中在复合镀层技术的开发上。化学复合镀是以化学镀为基础，在化学镀层中添加高硬度、高耐磨性的Al_2O_3、SiC、金刚石、PTFE、MoS_2等颗粒，从而改善化学镀层的硬度和耐磨性[87]。化学复合镀的特点如下：

(1) 化学复合镀技术基本在水溶液中进行,施镀温度一般在100 ℃以下,因此,大多数不耐高温的材料也可以作为化学镀液中添加的固体颗粒。

(2) 化学复合镀所需设备、器材十分简单,只需在普通化学镀设备的基础上稍加改造即可。复合镀操作简便,反应过程容易控制,无附加能源消耗,且试验材料利用率高。

(3) 化学复合镀同样可以获得所需任意厚度的镀层,且对基体材料的性能基本没有影响。

化学复合镀层不仅包括金属与合金,还包含加入的固体分散颗粒。因此,复合镀层不仅具备一般化学镀层的优良性能,还具有比普通镀层更高的硬度和耐磨性。化学复合镀技术在电子、机械、化工、航天等工业领域具有广阔的应用前景。

1.5.5　化学复合镀沉积原理

化学复合镀是以普通化学镀为基础,复合固体颗粒与主体金属离子在基体表面共同沉积得到复合镀层。化学复合镀一般分为3个阶段:① 复合粒子向基体材料表面移动;② 复合粒子在基体表面依附;③ 复合粒子被周围的主体金属粒子覆盖。其中第二阶段最为关键,固体颗粒必须牢固地依附在基体材料表面上不脱落,才能保证下一阶段被金属粒子覆盖,从而形成复合镀层[85]。

目前,固体颗粒的依附原理主要有以下3种不同观点:

(1) 机械截留原理。此原理认为通过搅拌使固体颗粒悬浮在镀液中,粒子与基体表面接触后就有可能依附其上,从而被主体金属粒子覆盖。

(2) 电化学原理[88]。该原理认为粒子与基体间存在电场力,从而固体颗粒被吸引,并且随着金属离子移动到基体表面,金属离子被还原后直接将固体颗粒覆盖。

(3) 固体颗粒与基体表面之间的引力可能是一种静电吸引力,而不是机械截留产生的力,因为他们认为这种力太小,不能保证颗粒能够在基体表面依附足够长的时间[89]。

1.5.6 钛基复合材料化学镀工艺难点及研究现状

1. 钛基材料极易氧化

钛基复合材料的基体为钛或钛合金,所以基体材料化学性质非常活泼,可以在空气中与氧气迅速发生反应,使表面生成一层致密且稳定性很高的氧化膜层,这层氧化膜由钛的一种或多种氧化物组成,与内部基体之间有很强的结合力。当这层氧化膜受到破坏时,自动愈合的速度非常快,所以很难在这层氧化膜上进行有效施镀。因此,为了获得质量较高的化学镀层,在进行化学镀之前,必须对试样进行有效的除膜、活化等预处理[90]。

2. 钛基材料的吸氢特性

钛基材料非常容易吸氢,在进行化学除油、碱洗、酸洗、施镀的过程中,都有可能在试样表面黏附原子形态的氢。氢原子会缓慢渗透进入钛基材料晶格,然后继续向内扩散,导致形成脆性晶间化合物,如果在试验过程中没有进行有效的除氢处理,就有可能因为基体中含氢量过高从而引发氢脆。另外,钛基材料表面黏附的氢原子会反应生成氢气,这些氢气分子会继续黏附在试样的表面,对金属离子在此处的还原沉积造成严重影响。更严重的情况是,在施镀过程中有氢气泡一直依附在基体表面某处,导致金属离子将不能在此处沉积,从而形成孔隙。再者,化学镀沉积反应进行一段时间后,基体内氢原子的含量会逐渐升高,基体内的部分氢原子反应生成氢气,然后以气泡的形式从基体表面析出。此时基体表面已经沉积的镀层会成为气泡析出的阻碍,因此,此处镀层容易出现裂纹甚至脱落等情况。

1.6 NiTi 扩散相变的研究

由于钛合金基体和陶瓷增强体之间弹性模量相差较大,将陶瓷增强体嵌入钛合金基体后将会导致材料性质不连续,易于产生应力集中,形成微裂纹,导致材料的强度和韧性下降,从而影响钛基复合材料的使用性能。为了改善这种情况,可通过化学镀引入一个 NiTi 的功能梯度界面,在钛合金基体和陶瓷增强体之间充当一个过渡层,减缓应力集中,提高材料的强度和韧性等。由于过渡层的性能取决于 Ni 和 Ti 之间的相变过程,所以对 Ni 和 Ti 之间的扩散相变进行研究具有一定的意义。

1.6.1 NiTi 二元合金的相变

图 1-3 为 Ti－Ni 合金体系相图[91]。关于 NiTi 单相一直存在两点争议:第一,在温度为 630 ℃时,是否存在共析反应 NiTi→$Ti_2Ni + Ni_3Ti$;第二,在合适的热处理条件下,富镍的 Ti－Ni 合金中会出现 Ti_3Ni_4 相和 Ti_2Ni_3 相,而这两相的本质也存在争议。Nishida[92]等人认为对富镍的 Ti－Ni 合金进行时效处理,出现的 Ti_3Ni_4 相和 Ti_2Ni_3 相为亚稳定相,并且随着时效时间增长,相的沉积顺序为 $Ti_3Ni_4 \rightarrow Ti_2Ni_3 \rightarrow TiNi_3$,即在足够长的时效时间内,最终会生成稳定点的 $TiNi_3$ 相,因此图 1-3 所示的相图为稳定 Ti－Ni 合金体系相图。然而根据 Massalski [93]等人的研究,图 1-3 中的相图需要做一点修正,在 1 090 ℃处添加虚线,即在该温度时发生 BBC 结构到 B2 结构的转变,所以根据这一相图,可以利用热处理的方法来调控 NiTi 二元合金的相的组成。

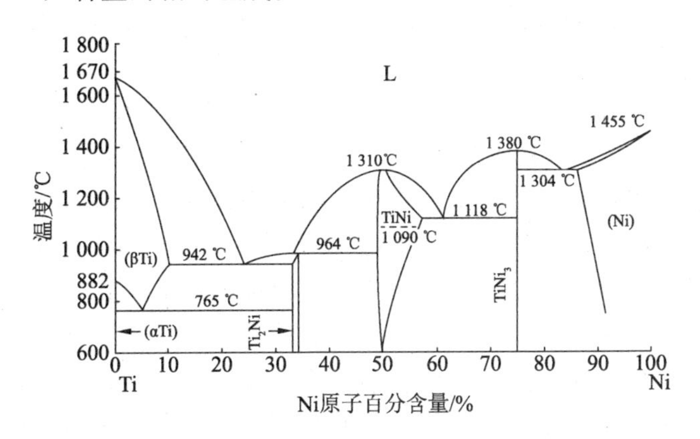

图 1-3 Ti－Ni 合金体系相图

1.6.2 NiTi 扩散相变[94]

由 Ti－Ni 二元相图可知,二元 Ti/Ni 体系存在 3 种金属间化合物:Ti_2Ni、NiTi 和 Ni_3Ti。其中,Ti_2Ni 和 NiTi 都是以化合物为基的固溶体,但 Ti、Ni 原子在 Ti_2Ni 中的固溶度很小,使其均匀化范围很窄;NiTi 相只有在 630 ~ 1 310 ℃范围内存在;当温度低于 630 ℃时将会分解成 Ni_3Ti 和 Ti_2Ni,随着温度的升高,其均匀化范围呈先增大后减小的趋势;在 1 118 ℃时达到最大;当温度接近 942 ℃时,共晶反应(βTi) + Ti_2Ni→L 就会发生,(βTi)/Ti_2Ni 界面将会发生融化。

随着扩散温度的升高,Ti_2Ni 和 NiTi 的厚度逐渐增加,Ni_3Ti 则是先增加后减少,但是 Ni_3Ti、Ti_2Ni 和 NiTi 的总厚度呈不断增加的趋势。周勇[95]等对 Ni/Ti 热扩散时形成金属间化合物的规律研究时发现,扩散层中 NiTi 金属间化合物的生长占主导地位。随着保温时间的增加,NiTi 金属间化合物的生长基本符合抛物线定律,而 Ni_3Ti 和 Ti_2Ni 金属间化合物的生长量基本保持不变,其厚度保持在 3 ~5 μm。

1.6.3 Ni/Ti 界面扩散的影响因素

影响 Ni/Ti 界面扩散的因素非常多,与任何两种元素的扩散过程相似,扩散温度、保温时间是影响扩散的主要因素。除此以外,在 Ni/Ti 界面的扩散过程中会产生哪些金属间化合物及其形成机理都是非常值得研究的。

一般在 NiTi 互扩散偶中会存在 3 个扩散层[94]:Ni_3Ti、Ti_2Ni 和 NiTi 扩散层。随着温度的升高,三层扩散层的总厚度不断增加,但三层扩散层的增长趋势有所差别。Ti_2Ni 和 NiTi 的厚度随温度的升高逐渐增长,但 NiTi 的增长趋势要比 Ti_2Ni 的快,Ni_3Ti 层则是先增加后减少,其厚度在 650 ℃到 700 ℃之间达到最大值。

温度对 Ni/Ti 扩散偶连接界面各扩散层的影响是不同的,对 Ni_3Ti 层的影响最明显,其次是 NiTi,最后是 Ti_2Ni。当扩散温度为 650 ℃时,扩散层由金属间化合物 Ti_2Ni、NiTi、Ni_3Ti 构成,随着扩散时间的增加,Ni_3Ti、Ti_2Ni 和 NiTi 层都呈增长的趋势,并且 Ni_3Ti 层的厚度始终大于 NiTi 层。当扩散温度为 750 ℃时,Ni_3Ti 扩散层发生了部分变化。NiTi 层的厚度随时间的延长大幅度增加,Ti_2Ni 的增长趋势是先增加后平稳，而 Ni_3Ti 层的扩散时间达到 30 min 时转变成柱状组织，并且随着时间的增加，柱状组织越来越多，直到 Ni_3Ti 层完全消失。

随着保温时间的增加，Ni_3Ti、Ti_2Ni 和相都呈增长的趋势，并且 Ni_3Ti 层的厚度始终大于 NiTi 层。

1.6.4 Ni/Ti 界面的形成机理

扩散过程中金属间化合物的生成顺序是 $Ni_3Ti \rightarrow Ti_2Ni \rightarrow NiTi$。随着扩散的进行，Ti 层和 Ni 层的厚度急剧减小，从而会影响 Ti/Ti_2Ni 和 Ni/Ni_3Ti 的扩散能力，进而阻碍 Ni_3Ti 和 Ti_2Ni 的形核增长。而 NiTi 的增长与 $TiNi_3$ 和 Ti_2Ni 的形核增长速率息息相关，当 Ni_3Ti 和 Ti_2Ni 的生长受到阻碍时 NiTi 的形核生长速率也会减慢。因此 Ni_3Ti、Ti_2Ni 和 NiTi 层在初期增长速率比较快，随着扩散时间的增长，Ni 层和 Ti 层剧烈消耗，Ni_3Ti、Ti_2Ni 和 NiTi 层的增长速率逐渐减缓。也就是说，在浓度梯度的作用下，Ti 原子和 Ni 原子摆脱晶格束缚不断向界面处扩散，形成 Ti(Ni)和 Ni(Ti)固溶体，首先生成 Ni_3Ti；当 Ni_3Ti 层达到一定厚度之后，界面处的 Ti 与 Ni 反应开始形成 Ti_2Ni；当 Ti_2Ni 层厚度达到稳定后，在 Ni_3Ti 与 Ti_2Ni 之间发生反应 $Ti + Ni = NiTi$ 和 $2Ti + Ni_3Ti = 3NiTi$，生成 NiTi。简言之，Ni/Ti 扩散系中化合物的生成顺序为：Ni_3Ti 和 Ti_2Ni 几乎同时生成，然后 NiTi 开始形核。

第2章 铸造用钛基复合材料的设计及制备

2.1 引言

颗粒增强钛基复合材料由于具有优异的机械性能和物理化学性能,引起了国内外研究学者的高度重视[35,96]。经过几十年的研究和发展,颗粒增强钛基复合材料已经在一些工业领域进入实际应用阶段,并展现出了优异的性能[12-16]。为了进一步提高钛基复合材料的性能,围绕着钛基复合材料的制备工艺,研究人员进行了众多的尝试。目前颗粒增强钛基复合材料主要制备手段有机械合金化[31,32]、粉末冶金[18-20]、反应热压烧结[27]、熔铸法[38,42,97,98]等。其中,利用传统的钛合金熔炼方法结合钛和 B_4C 的自蔓延高温反应制备 TiC 和 TiB 增强钛基复合材料的工艺效率高、成本低、效果好,成为一种常用的钛基复合材料制备手段。由于这种钛基复合材料的制备手段采用的是常用钛合金的生产手段,因此钛合金的成型方式也都可以在钛基复合材料的成型上使用。本章中基体选用铸造工艺比较成熟的 Ti-6Al-4V(Ti-64)合金作为基体,利用 Ti 与 B_4C 在冶炼过程中的原位自生反应生成增强体,可以有效避免增强体与基体之间可能出现的界面污染,达到增强体颗粒与合金基体界面的良好结合,从而获得优良的机械性能。

本章研究的主要目的,首先是根据钛基复合材料原位合成反应的热力学理论进行原位自生反应的计算研究,根据计算反应体系中的标准吉布斯自由能和反应生成焓判断原位自生反应的可行性,并根据原位反应的热力学的计算结果判断合成的增强体的类型。其次是根据计算结果进行复合材料的成分设计,选择合适的钛基复合材料原位合成反应体系,进行复合材料的成分设计;通过钛基复合材料组织和性能的研究,分析钛基复合材料的凝固结晶特点,优化铸造用钛基复合材料的成分,为钛基复合材料的铸造研究打下良好的基础。

2.2 钛基复合材料原位反应的热力学计算

钛基复合材料的原位自生反应是指在一定条件下,通过合金元素与化合物之间或者元素之间的化学反应,在钛合金基体内生成一种或几种具有硬度高、弹性模量高的陶瓷相,从而达到强化钛合金基体的目的[62,63]。而相关的化学反应是否可以进行常用热力学计算来判断,其中 Gibbs 自由能判据和标准生成焓经常用来判断反应是否可以进行及反应进行的难易[99,100]。

2.2.1 铸造用钛基复合材料中的原位反应体系

下面主要是以 Ti-6Al-4V 作为基体来制备 TiB 和 TiC 双相增强的铸造用钛基复合材料,考虑相应的元素及化合物,有多种反应体系可供选择。主要反应体系及可能涉及的化学反应有:

$$Ti + B = TiB \tag{2-1}$$

$$Ti + 2B = TiB_2 \tag{2-2}$$

$$Ti + C = TiC \tag{2-3}$$

$$5Ti + B_4C = 4TiB + TiC \tag{2-4}$$

$$3Ti + B_4C = 2TiB_2 + TiC \tag{2-5}$$

2.2.2 反应自由能的计算

为了研究方便,热力学中把所研究的物体从其周围划分出来作为研究对象,并把它们叫作体系。一个体系具有一定的物理性质和化学性质,这些性质的总和确定了体系的状态。当体系的所有性质都有确定的数值时,体系就处于一定的状态,而如果其中一个性质发生变化,则体系的状态随之改变。热力学上常用熵(S)和自由能(G 或 F)状态函数来判断过程自发进行的方向和平衡状态。

由于用熵变判断过程的自发性需要在孤立的体系内进行,这对化学反应和相变来说不太方便,所以热力学引入吉布斯自由能 G 和海姆赫兹自由能 F,吉布斯自由能常用于恒压条件下的自由能变化,而海姆赫兹自由能用于恒容条件下的自由能变化。在开放体系中压强是不变的,所以常选用吉布斯自由判据来判断反应过程的进行。对于反应 A + B = C + D,在任意温度下,标准吉布斯自由能变 ΔG 的计算方法如下[100,101]:

$$\Delta G = \Delta H - T\Delta S \tag{2-6}$$

在实际反应中,参加反应的各物质往往存在温度变化,此时焓变 ΔH 的计算方法如下:

$$\Delta H = \sum v_x H_x(T_x) \tag{2-7}$$

而对于存在相变的纯物质不同温度升温时的焓变可以写成

$$H = H_0 + \int_{T_0}^{T} C_p \mathrm{d}T + \sum \Delta H_i \tag{2-8}$$

其中,H_0 为温度 T_0 的标准生成焓,ΔH_i 是该物质在升温过程中的相变焓,C_p 是等压热容。C_p 通常由试验数据拟合成下列形式:

$$C_p = a + b \cdot 10^{-3} T + c \cdot 10^{5} T^{-2} + d \cdot 10^{-6} T^{2} \tag{2-9}$$

同样,熵变 ΔS 也可以写成

$$\Delta S = \sum v_x S_x(T_x) \tag{2-10}$$

对于熵来说,在等压条件下,它与热焓存在下列关系:

$$\mathrm{d}S = \frac{\mathrm{d}H}{T} = \frac{C_p \mathrm{d}T}{T} \tag{2-11}$$

因此,对于存在相变的纯物质,不同温度升温时的熵变可以写成

$$S = S_0 + \int_{T_0}^{T} C_p \mathrm{d}(\ln T) + \sum \frac{\Delta H_i}{T} \tag{2-12}$$

2.2.3 不同反应体系的热力学计算结果

对于钛基复合材料制备过程中可能发生的原位反应体系式(2-1)至(2-5),其反应生成焓的计算结果如图 2-1 所示。从图中可以发现,这些反应的反应生成焓值都为负,说明这些反应都为放热

反应,绝对值越大的反应放热越多。

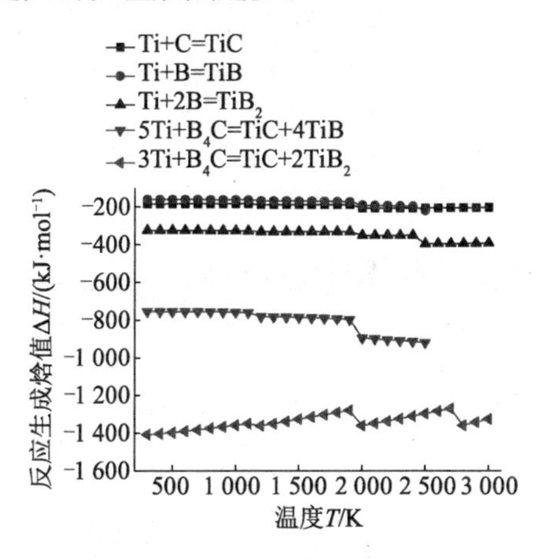

图 2-1　原位反应的反应生成焓

由图 2-1 可知,在式(2-1)至(2-5)的反应体系中,由单质 C、B 来生成 TiC 和 TiB 或 TiB_2 的反应体系中,反应过程中焓变较小,也就是放热较少。而由 B_4C 来反应生成 TiC 和 TiB,则原位反应中会放出大量的热。不同的反应体系随温度的变化,焓变也不一样,反应体系(2-1)至(2-4)都是随着温度升高,焓值减小,也即焓的绝对值增大,说明放热反应随着温度的升高,放热增多。而反应体系(2-5)随着温度的升高,放热减少。

图 2-2 是上述反应体系在不同温度时的熵变,对于熵来说,其概念比较抽象,表示由有序到无序的转变度。与能量不同,熵不具有守恒性,反应过程中只要存在不可逆性,就有熵变产生,过程的不可逆程度越严重,造成的熵变也越严重[102,103]。从图 2-2 中可以看出,反应体系(2-1)至(2-4)中熵都是负值,反映了反应体系使体系的无序度降低,并且随着温度的升高,熵的绝对值变大,反应的不可逆性也逐渐严重。而反应(2-5)则随着的温度的上升逐渐增加,熵的绝对值也出现了先减小后增大的现象。

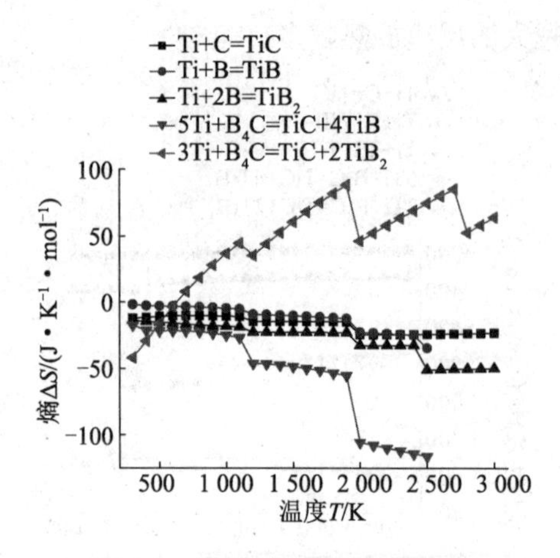

图 2-2　原位反应的反应生成熵

对于钛基复合材料来说,原位反应是否发生是原位合成钛基复合材料的一个非常重要的因素。用熵变来判断过程能否自发进行,必须考虑环境的熵变,从而使计算变得困难。方便起见,判断这个反应是否可以发生通常都是通过计算 Gibbs 自由能变来进行判定,反应是否进行的判据如下[104]:

① 若 $\Delta G<0$,则不可逆过程或反应自发进行;

② 若 $\Delta G=0$,则可逆过程或反应达到平衡;

③ 若 $\Delta G>0$,则反应不可进行。

图 2-3 为反应体系(2-1)至(2-5)的 Gibbs 自由能变的计算结果。从图中可以发现,所有反应的 Gibbs 自由能的值都为负,说明反应都可以自发进行。并且 Ti 与 B_4C 反应的自由能变 ΔG 比与单质 B、C 反应的 ΔG 小,说明 Ti 与 B_4C 的反应更容易发生。再加上单质 B 的价格比较昂贵,所以此处采用 B_4C 作为主要添加剂来制备钛基复合材料。利用 B_4C 来制备钛基复合材料,一方面是由于 B_4C 与 Ti 容易反应生成增强体,另一方面也是希望可以利用 TiC 和 TiB 或 TiB_2 的共生,从而减小原位自生的陶瓷增强体异常长大的可能。综上,本节采用以 Ti－6Al－4V 为基体,按反应比例添加 Ti 和 B_4C,从而制备 Ti－64 基的钛基复合材料。Ti 和 B_4C 在实际

生成中由于大量Ti的存在，导致最终添加B_4C添加剂的原位自生钛基复合材料，其中原位自生反应可以依据反应方程式(2-4)来设计。

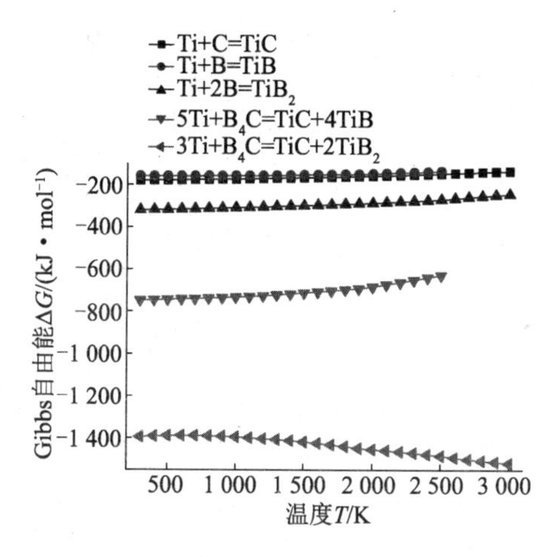

图2-3 原位反应的Gibbs自由能

2.3 铸造用钛基复合材料的成分设计及制备

为了寻找适合铸造用钛基复合材料，本节首先利用真空非自耗电弧炉，通过添加不同质量分数的B_4C来制备不同含量的TiC和TiB增强的Ti-64基复合材料，通过研究钛基复合材料的铸造组织和性能的变化规律，掌握不同成分的钛基复合材料的凝固结晶特点及强化机制，为铸造用钛基复合材料的选材提供依据。

2.3.1 不同成分原位自生钛基复合材料的熔炼

试验依据原位反应式(2-4)，并结合Ti-C-B三元合金相图，配置了6种不同成分的钛基复合材料，其中(TiB+TiC)的理论体积分数分别为0.5%，1%，5%，10%，20%，30%。为了与基体合金对比研究，按照Ti-64的理论成分进行配比，并利用同样的制备方式制备了基体合金。不同成分的钛基复合材料编号及成分配比如表2-1所示。

表 2-1　Ti－64 合金和钛基复合材料的原料成分

钛基复合材料	(TiB + TiC)体积分数/(vol. %)	反应物/(wt. %)			
		B_4C	Al	AlV (47.5 wt. %V)	Ti
Ti－64	0	0	1.57	8.43	余量
S1	0.5	0.10	1.56	8.39	余量
S2	1	0.19	1.55	8.34	余量
S3	5	0.97	1.49	8.00	余量
S4	10	1.93	1.41	7.56	余量
S5	20	3.86	1.25	7.00	余量
S6	30	5.76	1.09	5.84	余量

为了保证成分的可控性，钛基复合材料的制备都选择纯度较高的原料进行配比，主要有：一级海绵钛（>99.5 wt. %）、B_4C 粉末（>99.95 wt. %）、AlV 中间合金（47.5 wt. %V）、铝箔（>99.9 wt. %）。首先根据表 2-1，按比例称取原料并混合均匀，然后将混合好的原料分别装入 WK－Ⅱ非自耗真空电弧炉中，如图 2-4 所示。熔炼前炉内先用氩气反复冲洗 3 次，这样可以减少炉内氧气和水分含量，避免熔炼过程中钛合金的氧化。熔炼时注意熔炼电流的控制，观察窗口，根据熔炼的情况调整熔炼电流的大小使反应原材料熔化通透。为了进一步保证熔炼出来的合金和复合材料的成分均匀，熔炼中对合金及复合材料至少反复熔炼 3 次，最终得到成分均匀的原位自生钛基复合材料铸锭。

图 2-4　WK－Ⅱ非自耗真空电弧炉

2.3.2　不同成分钛基复合材料试样的制备

钛基复合材料铸锭经线切割制得尺寸为 5 mm × 5 mm × 10 mm 的柱状试样进行镶嵌，采用传统机械磨抛方式制备金相试样。金相腐蚀采用 Kroll 腐蚀液，试剂成分为：3 mL HF，6 mL HNO_3，91 mL H_2O。X 射线衍射（XRD）分析、金相观察、硬度测试，以及纳米压痕试验都是在金相试样上进行测试的。压缩性能测试试样由铸锭的中间部位利用线切割得到，试样尺寸为 Φ10 mm × 15 mm。

2.4　XRD 物相分析

利用西门子 D－500X－Ray 测试仪测试基体合金及复合材料的 X 射线衍射图谱（XRD），测试角度为 20°～90°，扫描速率为 4°/min，扫描图谱如图 2-5 所示。物相分析结果表明：原位自生钛基复合材料主要由 α－Ti、β－Ti、TiB 和 TiC 四个物相构成，而 Ti－64 基体是由 α－Ti 相和 β－Ti 相构成的。对于钛基复合材料来说，发现 B_4C 与 Ti 发生了原位反应生成 TiB 和 TiC，表明能够利用 Ti 与 B_4C 之间的自蔓延高温合成反应经普通的熔炼工艺制备（TiB + TiC）增强钛基复合材料；并且 B_4C 添加量越多，TiB 和 TiC 的峰强越高；同时发现，钛基复合材料中基体的衍射峰与 Ti－64 合金相比，衍射峰向左偏移，即衍射角减小。这主要是由于 C、B 等溶质原子固溶到 Ti 基体内部形成间隙固溶体，引起钛基复合材料基体的晶格常数增大，从而导致衍射角减小，衍射峰左移。

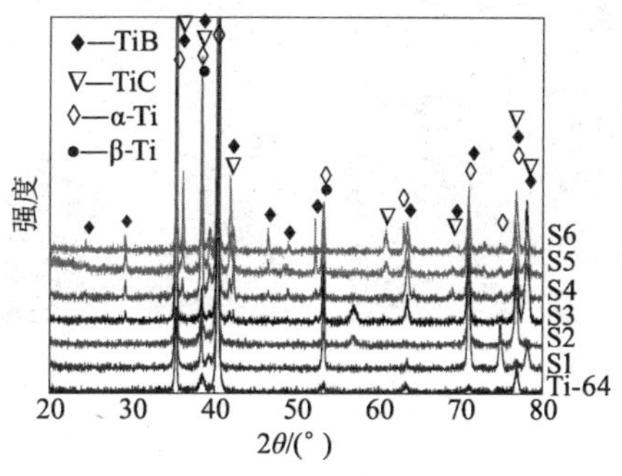

图 2-5　Ti－64 及钛基复合材料的 X 射线衍射图谱

2.5 金相组织分析

利用 VHS－1000 超景深三维显微镜观察原位自生钛基复合材料的铸造组织。图 2-6 为不同 B_4C 添加量的钛基复合材料铸态组织形貌。根据文献[55,105－107]研究，其中纤维状、针状或片状的增强相为 TiB，而等轴状和枝晶状的增强相为 TiC。

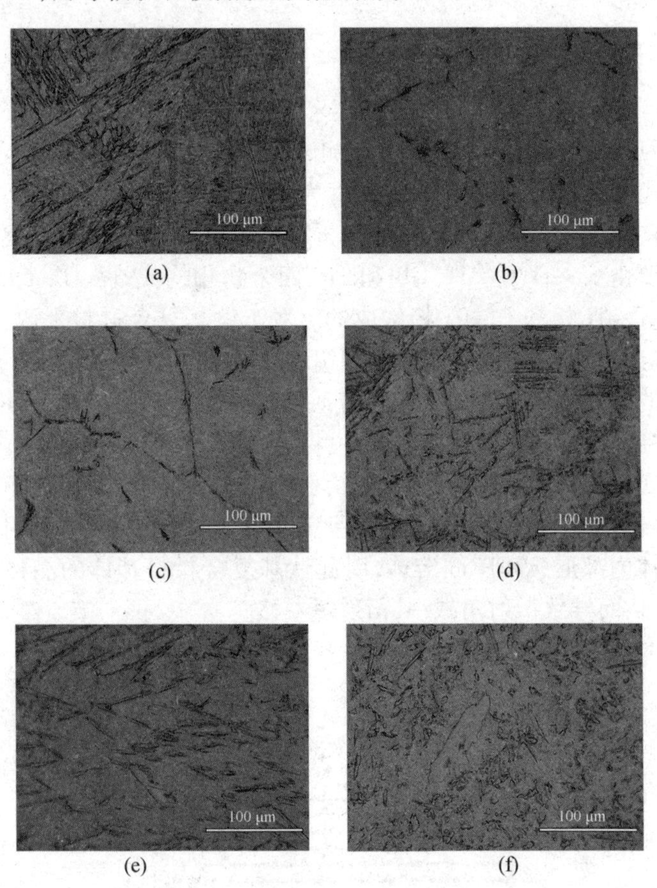

(a) (b) (c) (d) (e) (f)

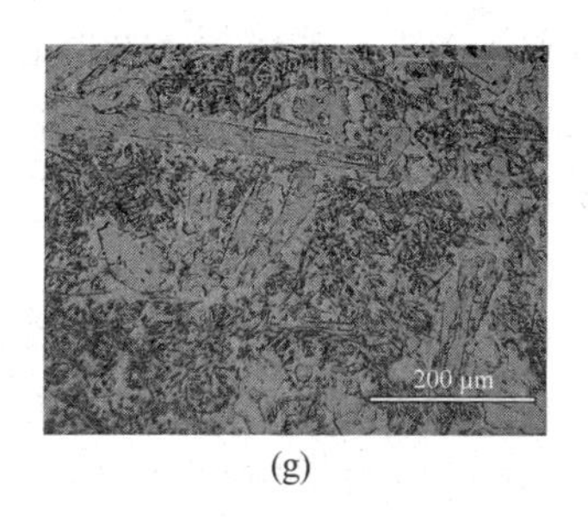

(g)

图 2-6　不同 B_4C 添加量 TMCs 的光学显微组织

从图 2-6 a 可以看出，Ti－64 的铸态组织为典型粗大的并列式魏氏组织，组织中原始 β 晶粒尺寸达到 1 000 μm 以上。原始 β 晶粒内部为转变 α 相，α 相主要由两种不同的形式构成，一种是分布在晶界上的晶界 α 相，这类转变 α 相宽度在 1 μm 左右，主要沿着平直的晶界分布；另一类是晶粒内呈集束分布的板条 α，集束中的 α 相长而平直。图 2-6 b 中 B_4C 添加量为 0. 1 wt. %，由图可以看出，在同样的放大倍数下，其基体组织发生了较大的改变，晶粒内由长度大约为 100 μm 的 α 板条构成不同位相的集束组成，α 集束之间交错分布，由原先 Ti－64 中并列式魏氏组织转变为网状魏氏组织，黑色的增强体沿着原始 β 晶界分布。图 2-6 c 是添加 0. 19 wt. % B_4C 的组织形貌，可以看出，随着 B_4C 的增多，晶界上增强体数量逐渐增多，基体组织仍由相互交错的 α 集束构成，但构成集束的 α 板条明显变短，α 板条长度大多分布在 50～80 μm，少有超过 100 μm 的。当 B_4C 添加量达到 0. 97 wt. % 时，铸态组织如图 2-6 d 所示，基体组织进一步细化，原始 β 晶粒尺寸减小到 30～80 μm，晶粒内 α 板条进一步细化，长而粗的 α 集束消失，增强体明显增多，开始出现长的细针状 TiB 增强体[54]，此外还可以观察到粒径在 1. 9 μm 左右的颗粒状 TiC 分布在基体上。图 2-6 e 为 B_4C 添加量达到 1. 93 wt. % 时的铸态组织，由图可以发现，增强体不再沿晶界分布，基体组织分布在增强体之间，TiB 尺寸明显增大，长度达到 200 μm 以上，直径可达 10 μm，甚至出现了粗大片状的 TiB[54]，TiC 颗粒也明显长大，粒径达到 5 μm。如图 2-6 f 所示，当 B_4C 添加量增加到 3. 86 wt. % 时，针状 TiB 的数量明显减少，TiB 大多以粗大片状形貌出现。TiC 颗粒并未进一步粗化，但是出现了细小的 TiC 枝晶。当 B_4C 添加量达到 5.76 wt.% 时，出现了粗大的 TiC 树枝晶，如图 2-6 g 所示，其中 TiB 有粗大的片状和粗大的针状两种形貌。

总之，少量添加 B_4C 即可以明显细化钛基复合材料铸态组织。当 B_4C 添加量在 0.19 wt.% 以内时，α 相主要由一束束相互交错的 α 集束组成，铸态组织由原先 Ti－64 中粗大并列式魏氏组织转变为网状魏氏组织，增强体主要沿晶界分布。随着 B_4C 的增加，晶粒进一步细化，α 集束消失，魏氏组织形貌得以消除，增强体增多，其尺寸也逐渐变大。当 B_4C 添加量达到 1.93 wt.% 时，出现了粗大针状的 TiB 相甚至片状 TiB。继续加大 B_4C 的添加量，此时针状 TiB 数量减少，组织中出现严重粗化的片状 TiB，以及枝晶状的 TiC。由于铸造用钛基复合材料在铸造成型后，粗化的增强体不能通过后续加工工序消除，所以铸态组织中一旦出现粗化增强体的钛基复合材料就不适合用来铸造成型。因此从组织上来看，铸造用钛基复合材料的 B_4C 的添加量应控制在 0.19～1.93 wt.%。

2.6 原位自生钛基复合材料的组织形貌与结晶路径的关系

原位自生钛基复合材料的 SEM 形貌利用 JSM－6460 扫描电子显微镜进行观察。图 2-7 是不同 B_4C 添加量的钛基复合材料与 Ti－C－B 三元相图的关系图。由图中可以看出，TiB 和 TiC 随着 B_4C 添加量的增加，无论是分布、形态还是尺寸都发生了非常大的变化。当 B_4C 的添加量在 0.97 wt.% 以内时，增强相主要沿原始的 β 晶界析出，如图 2-7 c～e 所示。当 B_4C 添加量为 0.97 wt.% 时，晶界上可以明显区分出颗粒状 TiC 和针状 TiB，其中 TiB 出现了较长的针状形貌，如图 2-7 e 所示。当 B_4C 的添加量达到 1.93 wt.% 时，基体上出现了大量粗化的长杆状的 TiB 晶须，TiC 颗粒也明显长大,增强体不再沿晶界析出,而在基体上均匀分布,如图 2-7 f 所示。当 B_4C 的添加量达到 3.86 wt.% 时,TiB 晶须严重粗化,粗大的 TiB 还出现了中空的管状形貌,如图 2-7 g 所示。粗大的 TiB 出现中空现象与其生长机制有关[54],针状 TiB 晶须具有 B27 结构,横截面呈六边形,由于 TiB 主要沿着[010]方向生长,而[010]方向的成分过冷使外表面生长速度大于中心部分,从而形成空心的管状形貌。除去严重粗化的针状 TiB 外,还可以观察到粗大的片状 TiB。继续增加 B_4C 的量到 5.76 wt.%,除去出现大量粗化的针状和片状 TiB 外,还出现了粗大的枝晶状 TiC,如图 2-7 h 所示。

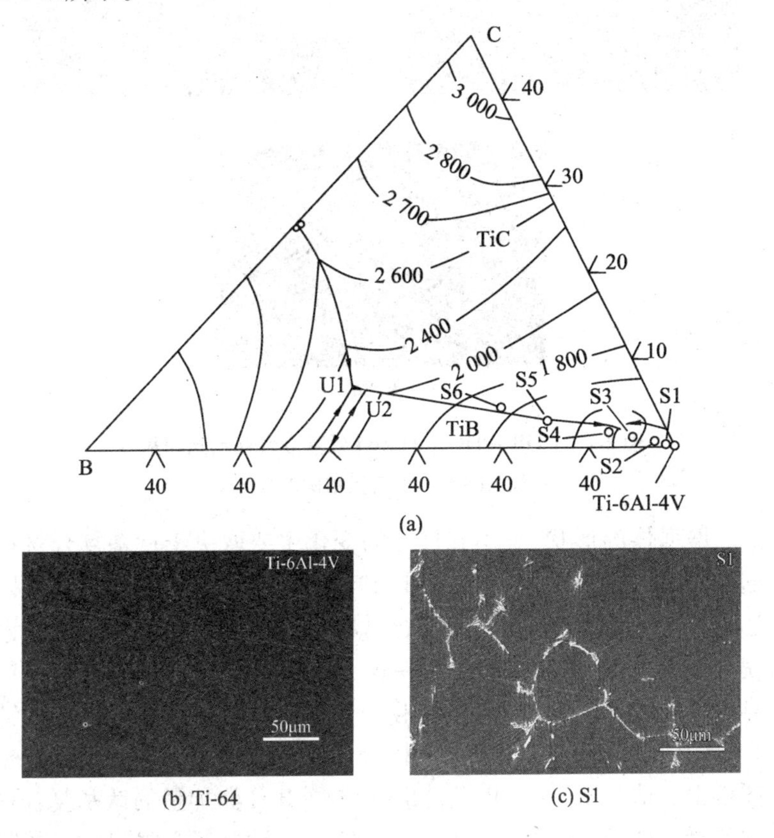

(a)

(b) Ti-64　　(c) S1

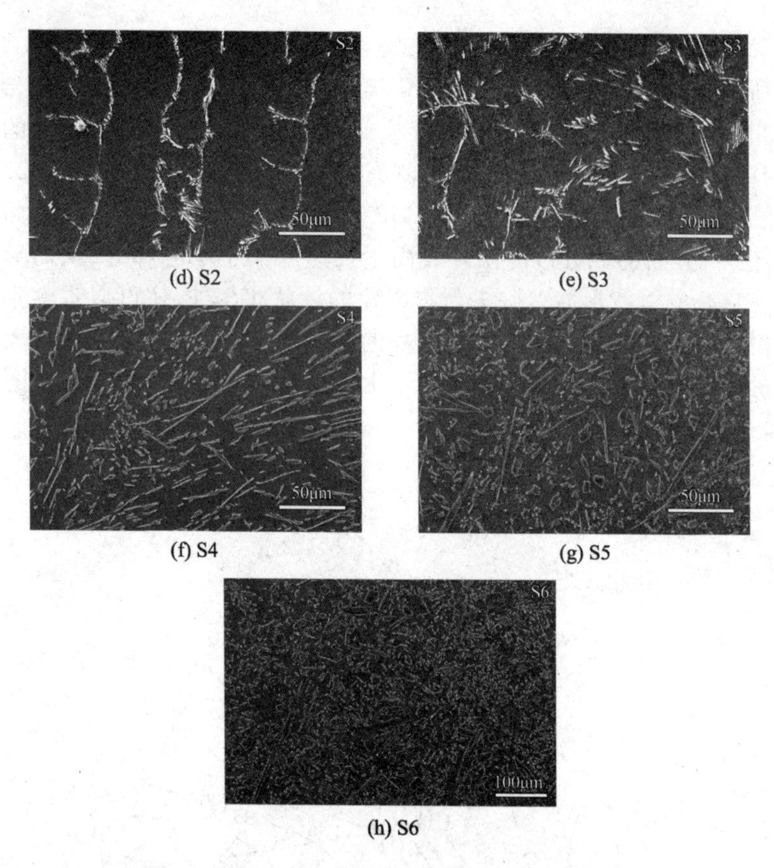

(d) S2 (e) S3

(f) S4 (g) S5

(h) S6

图 2-7 (TiB + TiC)/Ti - 64 钛基复合材料组织形貌和 Ti - C - B 三元相图的关系

增强体的形状、大小和尺寸的变化主要取决于钛基复合材料的凝固路径的变化[105]。由于非自耗电弧炉熔炼时,电弧温度可以达到 3 000 K 以上。在钛基复合材料熔炼过程中会反复熔炼从而使合金成分均匀。根据 Ti - C - B 三元相图[105,108]可知,通过原位自生生成的 TiB 和 TiC 等增强相会在重熔过程中重新溶解进入钛合金的熔液,随后在冷却过程中,将会按照 Ti - C - B 三元合金相图析出。结合 Ti - C - B 三元相图,不同 B_4C 添加量的钛基复合材料的凝固结晶路径如图 2-8 所示。S1 ~ S3 钛基复合材料试样的凝固结晶路径如图 2-8 a 所示，β－Ti 是先共晶析出相。随着 β－Ti 的析出，熔液成分发生改变，C 和 B 的含量增多，并且随着 β－Ti 晶粒的长大，富 C、B 的熔液被排挤到 β－Ti 的晶粒之间，当达到二元共晶温度时，会先在 β－Ti 的晶粒之间析出二元共晶组织（β－Ti + TiB）$_m$，从而进一步改变富 C、B 的熔液的成分趋近于三元共晶成分；当温度达到三元共晶温度时，在 β－Ti 的晶粒之间共晶析出三元共晶组织（β－Ti + TiB + TiC）$_e$，因此试样中增强体大都分布在先共晶析出的 β－Ti 晶粒之间，凝固后表现为沿原始 β 晶界析出，如图 2-7 c～e 所示。但此时随着 B_4C 的增加，即 B、C 含量的提高，会造成先共晶析出的 β－Ti 相减少，二元共晶组织中 TiB_m 生长空间变大，因此 TiB 可以长大到较大的尺寸，如图 2-7 e 所示。

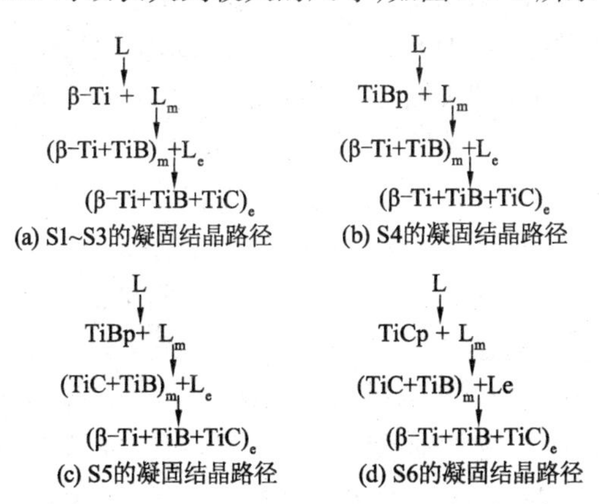

图 2-8　不同 B_4C 添加量的钛基复合材料的凝固结晶路径
（p，m 和 e 分别表示先共晶、二元共晶和三元共晶）

随着 B_4C 添加量的继续增加，钛基复合材料由于 B 和 C 的含量逐渐超过三元共晶成分从而形成过共晶组织，因此增强体将会先共晶析出，从而出现粗大的陶瓷相。当 B_4C 的添加量达到 1.93 wt.% 时，其结晶路径如图 2-8 b 所示，此时的先共晶析出相为 TiB_p，TiB_p 析出后可以在液态金属中自由生长，从而发生粗化现象，如图 2-7 f 中 S4 试样所示。但是由于此时离共晶成分较近，随后会较快地发生共晶反应，分别析出二元共晶组织（β－Ti + TiB）$_m$ 和三元共晶组织($\beta-Ti+TiB+TiC$)$_e$,其中 $\beta-Ti$ 相长大形成 $\beta-Ti$ 晶粒从而阻碍 TiB 的继续长大。随着 B_4C 添加量的继续增多,当 B_4C 添加量达到 3.86 wt.%时,钛基复合材料的凝固结晶路径转变,如图 2-8 c 所示。先共晶析出相虽然仍然是 TiB_p,但由于此时距共晶点较远,所以 TiB_p 在液态金属中生长时间较长,并且随后析出的二元共晶组织是($TiB+TiC$)$_m$,其中的 TiC 和 TiB 都是陶瓷增强相,不能阻碍 TiB_p 的继续长大,从而造成图 2-7 g 中 S5 试样出现严重粗化的 TiB 相,并且出现粗大的中空管状 TiB 和片状 TiB。伴随着 TiC 和 TiB 的析出,熔液成分趋近于三元共晶成分,当温度达到三元共晶温度时,析出三元共晶组织($\beta-Ti+TiB+TiC$)$_e$。当 B_4C 添加量为 5.76 wt.%时,钛基复合材料的结晶路线如图 2-8 d 所示,TiC_p 是先共晶析出相,随后是($TiB+TiC$)$_m$ 二元共晶组织的析出,最后析出的是($\beta-Ti+TiB+TiC$)$_e$ 三元共晶组织。TiC 作为先共晶析出相,因此析出后可以在熔液中自由长大。由于 TiC 为 NaCl 型晶体结构[106,109],钛原子排列成面心立方的亚点阵,而碳原子占据八面体的间隙位置,从而碳原子又构成另一个面心立方亚点阵,因此,该晶胞在几何上是完全对称的。其中 C-C 共价键、Ti-C 离子键和 Ti-Ti 金属键等化学键合也相对于钛、碳完全对称,因此与 TiB 不同,TiC 不存在优先生长的晶面,从溶体中析出时呈球形生长,其界面能最小,最终长成等轴状[15,110]。但是由于在熔炼过程中,钛溶体的导热性较差,金属熔液中温度梯度小,TiC 的析出容易产生成分过冷,这使得 TiC 容易长成树枝晶结构[51],如图 2-7 h 所示。随后的($TiB+TiC$)$_m$ 二元共晶组织仍然都是陶瓷颗粒,不会阻碍 TiC_p 的长大,并且共晶 TiB_m 因析出温度较高,四周仍然是金属熔液,可以自由长大,所以在图 2-7 h 中 S6 试样中仍然可以观察到粗化的 TiB 以片状或粗针状形式存在。

总之,当 B_4C 添加量超过共晶成分后,会先共晶析出 TiB 或 TiC 等陶瓷相,而先共晶析出的 TiC 或 TiB 会严重粗化。对于铸造用钛基复合材料来说,先共晶析出的粗化陶瓷相不能通过简单的热处理方法消除,因此在选择铸造用钛基复合材料成分时,应选择如图2-8 a所示的结晶路径的钛基复合材料，即B_4C的添加量应控制在三元共晶成分以内，因此，根据Ti－C－B三元相图[105,108]，B_4C的添加量应小于1.63 wt.%。

2.7 原位自生钛基复合材料铸态组织中α片层间距的变化

对于钛基复合材料来说，α片层与钛基复合材料的性能具有密切的关系，α片层越细小，复合材料的强度和塑性越好。由于B_4C的添加改变了钛基复合材料凝固结晶路径，这不仅会影响陶瓷相的形貌，也会影响基体中α片层间距的大小。为了方便测量α片层间距，定义每两片临近α片的中心间距为α片层间距，并用参数λ来表示。每个试样都测试50个以上不同片层的间距，取平均值作为该试样的片层间距。

图2-9为片层间距λ随B_4C添加量的变化曲线。由图可知，随着B_4C的加入，片层间距λ迅速下降。0.1 wt.%的B_4C加入钛基复合材料中，细化了原始的β晶粒（如图2-6所示），片层间距λ从4.8 μm直接降到1.47 μm，降幅达70%。而此时增强体数量很少，并且大都分布在原始的β晶粒的晶界上，结合其凝固结晶路径，如图2-8 a所示，β相是优先析出相，增强体是后期共晶反应的产物，因此β晶粒的细化并非是增强体作为异质形核质点引起的，其细化应主要归功于凝固过程中熔液成分变化引起的成分过冷[111,112]。凝固结晶时，由于β－Ti的先共晶析出，合金熔液中B、C的含量增加，改变了熔液的固液相线，从而引起熔液过冷度的增加，细化了β晶粒。对于凝固结晶来说，成分过冷造成的固液相线的变化还会促进形核，从而引起β晶粒的进一步细化。而β晶粒的细化和过冷度的增大导致片层间距λ急剧降低。但是当B_4C的添加量增加到0.97 wt.%时，λ仅仅从1.47 μm降到1.36 μm，片层间距基本上在此区间变化曲线趋于平缓，这一现象与Indrani S.[113]的研究结果相似。但是继续增加B_4C的添

加量到 1.93 wt.%时，片层间距 λ 从 1.36 μm 直接降到 0.97 μm。继续增加 B_4C 的添加量，片层间距 λ 不再明显降低。结合钛基复合材料凝固结晶路径的变化，发现片层间距 λ 还与 β 相析出序列有关，如果 β 相大都是先共晶析出相时，片层间距 λ 降低到原始 Ti－64 的片层间距的 30% 左右，如 S1，S2，S3 钛基复合材料。而如果大部分 β 相为共晶析出相时，片层间距 λ 降低到原始 Ti－64 片层间距的 20%，如 S4，S5 和 S6。片层间距 λ 的大小取决于 β 相析出时的过冷度大小，β 相在凝固结晶时析出的方式决定了其本身的形貌和成分，由 Ti－C 二元相图（见图 2-10）[114,115] 和 Ti－B 二元相图（见图 2-11）[114,115] 可以看出，先共晶析出的 $\beta-Ti_p$ 相中 C、B 的含量比共晶析出的 $\beta-Ti_e$ 中的 C、B 含量低，因此相应的 β→α 的相变点也低。本试验试样熔炼结束后冷却时，由于水冷铜坩埚冷却速度较快，所以 β 相可以快速过冷到相变温度以下发生 α 转变，这就造成先共晶析出的 β 相发生β→α 转变的过冷度比共晶析出的 β 相转变时的小，所以由先共晶的 β 相作为母相析出的 α 相片层间距 λ 也比共晶析出的 β 相作为母相析出的 α 相片层间距要大。

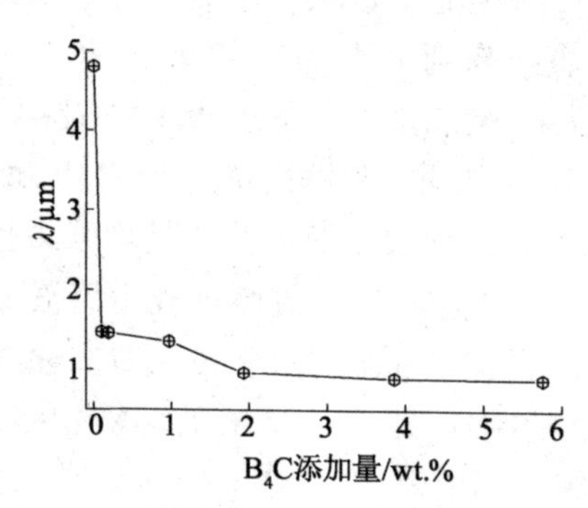

图 2-9　不同 B_4C 添加量的（TiB＋TiC）/Ti－64 钛基复合材料的片层间距的变化

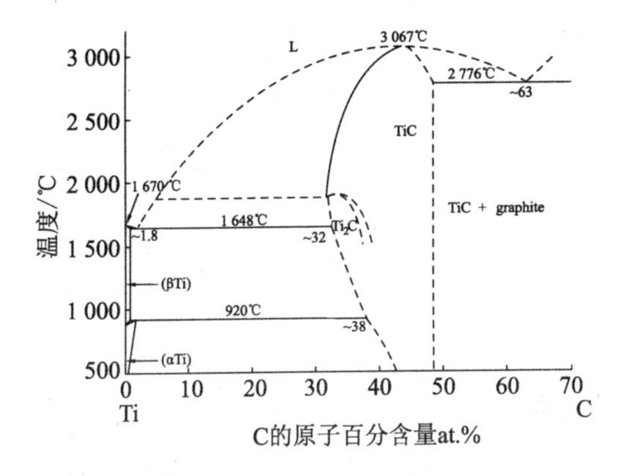

图 2-10　Ti－C 二元相图

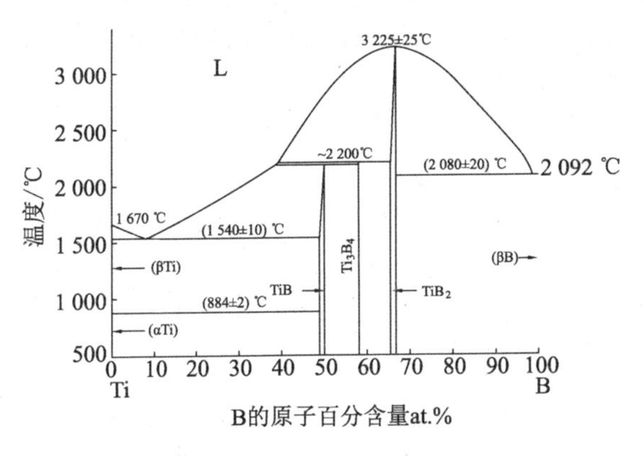

图 2-11　Ti－B 二元相图

2.8　原位自生钛基复合材料硬度的变化

硬度是对材料抵抗局部变形，特别是抵抗塑性变形能力的一种表现。对于很多合金来说，都可以利用显微硬度来测量合金组成相在其显微尺寸内硬度的变化，但对于钛基复合材料各相来说，由于各相尺寸细小，显微硬度其实是测量的材料内某局部组织的硬度，是对显微尺寸内不同体积不同硬度的各相硬度的加权平均值[116]。钛基复合材料的硬度利用 HVS－10 数显维氏显微硬度计测量，测量时压力加载为 2 N，保压 10 s。钛基复合材料各增强相的理论体积分数根据反应式(2-13)计算，参考表 2-1 中数据。

图 2-12 是钛基复合材料硬度与增强体体积分数的变化曲线。由图可以发现，随着增强体的增加，复合材料的硬度升高，但硬度的增加并非线性增加，而与钛基复合材料的组织和增强体的形貌有关。当增强体含量较少时(≤1 vol.%)，随着增强体的增加，硬度急剧上升。但是当增强体达到 1 vol.%后，增加的趋势减缓，并且增强体含量越多增加趋势越平缓。从图中硬度的压痕可以看出，由于基体片层组织和增强体尺寸非常小，菱形的硬度压痕打在钛基复合材料中基体和增强体两相上。但是对于具有异常粗大增强相的 TMCs，如 S4，S5 和 S6 钛基复合材料，测量硬度时，压痕避开了其中粗大的增强相。

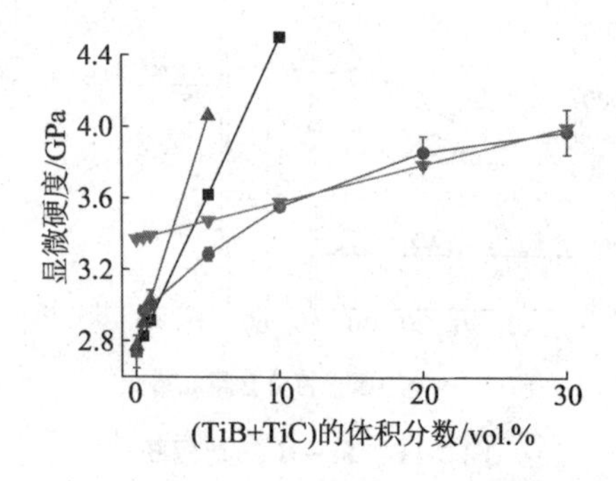

图 2-12　(TiB + TiC)/Ti - 64 钛基复合材料的硬度随增强体 (TiB + TiC)体积分数的变化图

为了研究 TMCs 中硬度增加的原因，我们对 TMCs 的硬度进行了数学描述。对于复合材料来说，硬度与增强体体积分数的关系一般可以用混合定律的理论模型来解释[116]。

$$H_{TMCs} = H_p V_p + H_0 (1 - V_p) \tag{2-13}$$

式中，H_{TMCs}表示钛基复合材料的硬度，H_p 表示增强体的硬度，V_p 表示增强体的体积分数，H_0 表示基体组织的硬度。由于本次研究钛基复合材料中有 TiC 和 TiB 两种不同的增强相，增强体的硬度也用混合定律来表示：

$$H_p V_p = H_{TiC} V_{TiC} + H_{TiB} V_{TiB} \tag{2-14}$$

式中，H_{TiC}表示 TiC 的硬度，V_{TiC}表示 TiC 的体积分数，H_{TiB}表示 TiB 的硬度，V_{TiB}表示 TiB 的体积分数。陶瓷相的硬度采用文献中的数据 $H_{TiC}=32.5$ GPa[117]，$H_{TiB}=17.3$ GPa（取 13.8～20.8 GPa[118]的中间值）。将式(2-14)代入式(2-13)中可以得到

$$H_{TMCs} = H_{TiC} V_{TiC} + H_{TiB} V_{TiB} + H_{Ti-64}(1 - V_{TiC} - V_{TiB}) \tag{2-15}$$

根据式(2-15)计算不同增强体含量对材料硬度的影响，并与试验值一起比较，如图 2-12 所示。当(TiB + TiC)的体积分数少于 1 vol.%（0.19 wt.% B_4C)时，钛基复合材料硬度的试验值略高于计算值。结合前面的组织分析及片层间距分析可知，少量的 B_4C 会大大减小 α 相的片层间距，细化复合材料组织。而式(2-15)并未考虑由于细晶强化造成的硬度的上升。再者，对于钛基复合材料来说，并非所有的 C、B 都可以析出形成 TiC 和 TiB（见图 2-10，图 2-11），尤其是 C 在 Ti 中具有较大的固溶度，从而引起固溶强化作用。因此对于钛基复合材料的硬度计算还需要引入由于片层间距细化引起的细晶强化和由于 C 的固溶造成的晶格畸变从而引起的固溶强化。片层间距 λ 的细化引起的硬度增量可以利用 Hall – Petch 关系来计算[116]其对硬度的增量，定义为 $\Delta H_{refinement}$，C 的固溶强化引起的硬度增量根据文献[119,120]利用固溶强化公式可以计算，定义为 $\Delta H_{solution}$。假设这些因素相互之间没有影响，则钛基复合材料的硬度计算公式应当为

$$H_{TMCs} = H_{TiC} V_{TiC} + H_{TiB} V_{TiB} + H_{Ti-64}(1 - V_{TiC} - V_{TiB}) + \Delta H_{refinement} + \Delta H_{solution} \tag{2-16}$$

利用 Hall – Petch 公式，$\Delta H_{refinement}$可以写成[116]

$$\Delta H_{refinement} = \frac{k}{\sqrt{\lambda}} \tag{2-17}$$

式中，k 是与材料有关的常数，λ 为片层间距。

固溶强化的增量 $\Delta H_{solution}$ 可以写成[119,120]

$$\Delta H_{solution} = \eta \varepsilon_s^{3/2} c^{1/2} \tag{2-18}$$

式中,η 是与材料本身有关的常数,ε_s 是由于固溶引起的原子错配度和弹性能有关的参数,c 为固溶进基体内的碳的浓度。

将式(2-17)和式(2-18)代入式(2-16)可以得到钛基复合材料的硬度理论计算模型公式:

$$H_{TMCs} = H_{TiC}V_{TiC} + H_{TiB}V_{TiB} + H_{Ti-64}(1 - V_{TiC} - V_{TiB}) + \frac{k}{\sqrt{\lambda}} + \eta\varepsilon_s^{3/2}c^{1/2} \tag{2-19}$$

当(TiB + TiC)的体积分数超过 5 vol.% (0.97wt.% B_4C)时,钛基复合材料的试验硬度值低于计算值。这主要是由于增强体的粗化在测试时避开了粗大的 TiB 和 TiC 颗粒,进而造成试验值远低于计算值。

2.9 铸态原位自生钛基复合材料的抗压性能

利用 Sans5105 电子万能试验机进行铸态钛基复合材料的抗压性能测试,应变速率为 10^{-3}/s。图 2-13 为不同增强体含量的钛基复合材料压缩试验结果。由图 2-13 a 可以看出,所有的试样的抗压强度都在 1 150 MPa 以上。在 S1、S2、S3 中可以观察到明显的屈服现象,而增强体含量继续增加,在试验机的测试范围内未观察到屈服现象。为了研究增强体含量对钛基复合材料的物理性能的影响,压缩应力—应变曲线的斜率定义为抗压模量 E_c,并把测得的不同体积分数 TMCs 的抗压模量 E_c 绘制曲线如图 2-13 b 所示。E_c 在一定程度上代表了钛基复合材料在单向压力情况下抵抗压力变形的能力。由图可以发现,E_c 先随着增强体含量的增加而增加,与图2-12 中钛基复合材料的硬度变化具有类似的趋势,都是先急剧增加,随后增加趋势放缓,并且随着增强体含量越多增加的趋势越平缓。

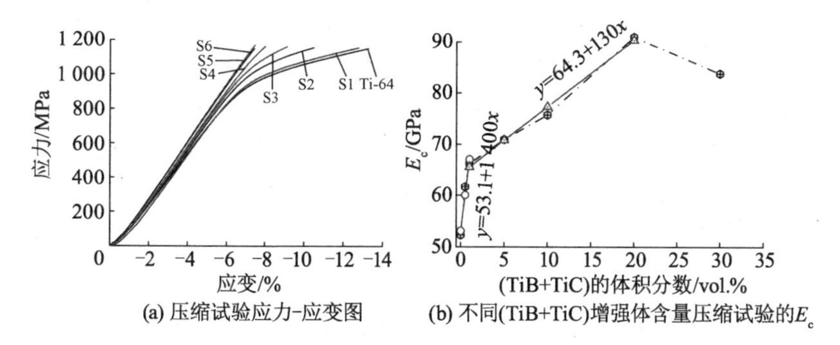

(a) 压缩试验应力-应变图　(b) 不同(TiB+TiC)增强体含量压缩试验的E_c

图 2-13　(TiB + TiC)/Ti − 64 钛基复合材料的压缩试验结果

对于图 2-13 b 来说,曲线明显具有两个转折点,从而把曲线分割成三段直线段,其中前两段为单调增函数,最后一段为单调减函数。第一段直线段中增强体(TiB + TiC)的含量介于 0 ~ 1 vol. %(0 ~ 0. 19 wt. % B_4C)之间,第二段中增强体(TiB + TiC)的含量介于 1 ~ 20 vol. %(0. 19 ~ 3. 86 wt. % B_4C)之间,第三段中增强体(TiB + TiC)的含量介于 20 ~ 30 vol. %(3. 86 ~ 5. 76 wt. % B_4C)之间。

当 $V_{TiB+TiC} \leqslant 1$ vol. % 时,拟合的线性方程为

$$E_c = 53.1 + 1\,400 V_{TiB+TiC} \tag{2-20}$$

当 1 vol. % $\leqslant V_{TiB+TiC} \leqslant 20$ vol. % 时,拟合的线性方程为

$$E_c = 64.3 + 130 V_{TiB+TiC} \tag{2-21}$$

由式(2-20)可以看出,当增强体含量小于 1 vol. % 时,E_c 的增长斜率为 1 400 GPa,因此随着增强体含量的增加,E_c 会急剧增加。而当增强体含量超过 1 vol. % 后,由式(2-21)可以看出,E_c 的增长斜率降低为 130 GPa,降低为不足原先的 10%,此时随着增强体的增加,E_c 的增长变得比较缓慢。E_c 的这种变化趋势可以结合材料本身的组织结构特点来解释。当增强体含量低于 1 vol. % 时,也即 B_4C 的添加量不超过 0. 19 wt. % 时,TiB 或 TiC 等增强体都分布在原始 β 晶界上(见图 2-10)。原始的 β − Ti 相是由先共晶析出相和少量的共晶析出相构成的,β 相会在随后降温过程转变为 α 集束。对于抗压模量 E_c 来说,在此范围内随着增强体含量增加而增加的

原因有两个。一方面,这是由于基体中生成的 TiC 和 TiB 增强体引起的第二相强化造成的。根据 TMCs 衍射峰的漂移现象(见图 2-2),C 或 B 在基体中的固溶,尤其固溶度较大的 C 固溶进基体引起基体晶格的畸变,这是在增强体体积分数较低的情况下造成 E_c 的急剧增加的主要原因。但是由于 C 和 B 在 Ti 中都是有限固溶的,因此 B_4C 添加量的增加会造成基体的饱和,此时固溶强化不会随 C、B 的增加而一直增加,从而使 E_c 的增加变缓。另一方面,B_4C 添加量的增加还会引起 TiB 和 TiC 的粗化,从而引起第二相强化效果降低。这是 E_c 在 B_4C 的添加量超过 0.19 wt.% 时增长趋势变缓的原因。但是当 B_4C 添加量超过 5.76 wt.% 时,TiC 会析出粗大的树枝晶,从而严重削弱 TiC 的第二相强化作用。同时由于增强体的增多,在合金熔炼时严重引起钛基复合材料熔体流动性的下降,从而使合金凝固收缩时来不及补缩,在 S6 钛基复合材料中发现了缩松缩孔的存在,缩松缩孔将会减小钛基复合材料在压力作用下的有效承载面积,从而会引起 E_c 下降。因此,当(TiB + TiC)的体积分数超过20 vol.% 后,在 E_c 曲线上出现了下降的现象。

2.10 纳米压痕试验

纳米压痕主要用来测试材料微纳米尺度上的力学性质,如硬度、弹性模量、断裂韧性等。为了研究不同增强体对钛基复合材料基体的物理性能的影响,试验采用纳米压痕仪来测试钛基复合材料基体的弹性模量 E_m。本次纳米压痕试验采用 CSM 纳米压痕测试系统进行测试,测试时最大加载力为 100 mN,加载速率和卸载速率都采用 200 mN/min。试验中,压痕避开了硬度较大的 TiB 和 TiC 等增强相,仅在基体上进行测试。由于钛基复合材料的片层间距 λ 非常细小,为 0.9 ~ 4.8 μm,而纳米压痕的直径大约为 15 μm,所以纳米压痕测量的是基体(α + β)相整体的弹性模量,而不是某一单相的弹性模量。图 2-14 是纳米压痕试验的测试结果。其中图 2-14 a 为压力与压入的位移曲线。由图可以发现,对于不同材料，其压入的深度不同，加载曲线与卸载曲线的斜率也不一样。根据力－位移曲线，测试系统可以计算出不同材料的弹性模量。不同增强体含量的TMCs基体的弹性模量 E_m 如图2-14 b所示，图中每个点都由同一试样不同部位6个测试值取平均值得到。从图2-14 b中可以看出，钛基复合材料基体的弹性模量与压缩试验中的 E_c 具有相似的变化趋势，随着增强体体积分数增多，基体弹性模量 E_m 先急剧上升然后变得平缓。其中增强体体积分数 $V_{TiB+TiC} \leqslant 1$ vol.%时，基体弹性模量 E_m 增长迅速，测试值基本上处于一条直线上，因此对数据进行线性拟合，拟合方程为

$$E_m = 145 + 1\,400 V_{TiB+TiC} \tag{2-22}$$

结合式(2-20)和式(2-22)可以看出，当增强体名义体积分数 $V_{TiB+TiC} \leqslant 1$ vol.%（B_4C 添加量不超过0.19 wt.%）时，基体组织弹性模量 E_m 与复合材料抗压模量 E_c 两者增长的斜率都是1 400 GPa，表明TMCs基体弹性模量 E_m 和TMCs整体抗压模量 E_c 具有相同的增长趋势。TMCs基体弹性模量 E_m 的增加并未涉及增强体的存在，而TMCs抗压模量 E_c 是与增强体有关的，两者具有相同的增强趋势，这说明复合材料整体弹性模量的变化主要取决于基体组织的变化，即增强体名义体积分数 $V_{TiB+TiC} \leqslant 1$ vol.%时，材料本身弹性模量的变化主要取决于C固溶到Ti晶格内引起的晶格畸变，并且与固溶进基体中的C含量有关[121,122]，从而使弹性模量升高。而增强体由于数量较少，所以对弹性模量增长作用有限。而当增强体名义体积分数 $V_{TiB+TiC} > 1$ vol.%后，E_m 和 E_c 出现了相同的现象，增强趋势变缓。弹性模量的这种变化和C在Ti基体中的固溶度有关，若C在Ti中饱和后，继续增加 B_4C 的添加量不会增加C在基体中的固溶，也就是固溶强化效果或者晶格畸变程度都不会增加，因此此时弹性模量的增长主要是前期未过饱和的C的固溶引起的。当增强体含量达到5 vol.%之后可以看到，基体弹性模量 E_m 增长趋势平缓，对于($\alpha+\beta$)的基体组织来说，继续增加 B_4C 的添加量将不会引起基体弹性模量的增加。而在图2-14 b中，当增强体体积分数超过10 vol.%后，E_m 又开始增加，这是由于试

样三维尺寸上 TiB 和 TiC 增强体的大量分布，纳米压痕试验压头压入时难以避免地受到 TiB 和 TiC 的影响，所以表现出测得的 E_m 出现小幅上升的现象。

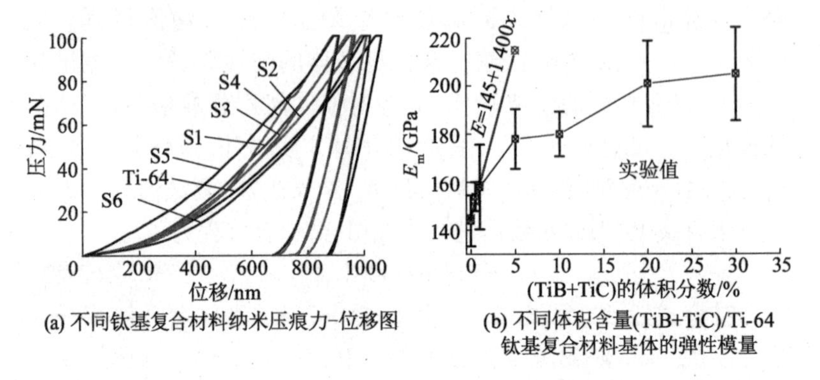

(a) 不同钛基复合材料纳米压痕力-位移图

(b) 不同体积含量(TiB+TiC)/Ti-64 钛基复合材料基体的弹性模量

图 2-14　钛基复合材料基体纳米压痕试验

2.11　本章小结

（1）钛基复合材料通过添加 B_4C，不但生成 TiB 晶须和 TiC 颗粒，而且可以消除原始 Ti－64 粗大的魏氏组织。随着 B_4C 添加量的增加，钛基复合材料中 TiB 和 TiC 等增强体分布、尺寸大小和形貌都发生了很大的变化，而这些改变都取决于钛基复合材料凝固结晶路径的变化。B_4C 添加量超过 0.19 wt.％后，魏氏组织消失，晶粒进一步细化；而 B_4C 添加量超过共晶点后，TiB 和 TiC 都陆续出现了严重粗化，因此铸造用钛基复合材料 B_4C 添加量应控制在 0.19～1.63 wt.％。

（2）B_4C 的加入细化了钛基复合材料中 α 相的片层间距，0.1 wt.％的 B_4C 可以使片层间距 λ 降低到原始 Ti－64 片层间距的 30％，继续增加 B_4C 的添加量到 1.93 wt.％时，片层间距 λ 降低到原始 Ti－64 片层间距的大约 20％，而 B_4C 的添加量超过 1.93 wt.％后，继续增加 B_4C，片层间距 λ 不会继续减小，λ 的细化主要归功于 β 晶粒的细化和成分过冷度的增加。

（3）硬度、抗压模量 E_c 和基体的弹性模量 E_m 等力学性能的变化都是随着 B_4C 的增加先急剧增加，随后缓慢增加。钛基复合材料力学性能的提高归因于三点：一是组织的细化，尤其是 α 片层间距的细化，从而引起的细晶强化效果；二是 C 在钛合金基体中的固溶强化；三是 TiB 和 TiC 双相增强体造成的第二相强化。在 B_4C 添加量低于 0.19 wt.% 时，C 和 B 对基体的组织和结构引起的细晶强化和固溶强化对机械性能的提高起主导作用，具有较高的强化效率，随着 B_4C 添加量的继续增加，这种效率逐渐降低。

第3章　铸造钛基复合材料的组织形貌演变

钛基复合材料轻质高强的特点使其在航空航天等领域具有广阔的应用前景,同时作为高温环境下使用的结构材料也具有极大的优势[35, 48, 96, 123-125]。利用熔铸法制备的TiB和TiC颗粒增强的钛基复合材料由于制备工艺相对简单,在力学性能和服役温度方面都具有很大的提升空间,从而引起了学者们的广大关注[63, 125, 126]。合金元素C和B的引入,改变了TMCs的凝固结晶路径,同时对其组织和相变也产生了巨大的影响[127],α相的形貌也由原始基体合金的板条状向等轴状转变[112, 128]。Hill D.等[129]在利用B来对Ti-64铸造组织进行改性时,发现由于B的加入生成了TiB,α相的形貌也发生了改变,由原始Ti-64的层片状向等轴化演变。但是他们并未就此进行解释,只是猜测组织形貌的转变可能和α相的形核位置有关。此外,对于钛合金来说,铸造大都利用紧密铸造进行,而精密铸造时,钛合金的凝固和相变都是在陶瓷壳层中进行。对于钛基复合材料的铸造,由于在具有隔热保温作用的陶瓷壳层中的冷却速度相对于在水冷铜坩埚中要慢得多,因此对钛基复合材料的组织和形貌也会产生很大的影响。

本章研究的重点在于研究B_4C对钛基复合材料铸造组织的影响,解析钛基复合材料中组织的转变规律,进而掌握原位自生钛基复合材料铸件的组织控制等关键技术,以期达到铸造钛基复合材料的性能控制。

3.1　试验材料和试验方法

本研究试样取自精密铸造钛基复合材料的随炉铸件,试样的编号及成分如表3-1所示。

表3-1 Ti-64和TMCs成分配比表

材料	V	Al	B	C	Ti
Ti-6Al-4V	4	6	0	0	余量
TMC1	3.90	5.81	0.38	0.10	余量
TMC2	3.79	5.69	0.76	0.21	余量

TMCs的相变点利用DSC法在NETZSCH DSC 404上进行测试。测试时,采用10 ℃/min的升温速率,同时需要充入氩气防止钛基复合材料试样氧化,从室温升至1 200 ℃。DSC试样尺寸为Φ3.5 mm×3 mm,利用线切割法在精密铸造随炉试样上直接切割,然后用砂纸打磨掉表面的氧化皮,再通过机械抛光法打磨光滑。金相试样在"不同离心半径随炉铸件"底部位置用电火花线切割的方法取样,取样部位如图3-1所示,试样尺寸为10 mm×5 mm×5 mm。为了研究不同离心力对组织的影响,试验还在"室温、高温拉伸试验随炉铸件"不同部位取样。取样部位沿离心力方向依次分别为冒口处、中部和底部,试样尺寸为10 mm×5 mm×4 mm。为了研究不同温度对TMCs中α相析出形貌的影响,一系列TMCs金相试样先升温至1 080 ℃保温30 min完成β相转变,然后分别放入850 ℃、900 ℃和950 ℃等不同温度的盐浴中保温30 min让其发生β→α转变,取出后水冷,然后利用SEM观察组织形貌。试样采用传统的磨削和机械抛光,抛光好的试样利用Kroll腐蚀液进行腐蚀,显微组织利用JSM-6460扫描电镜进行观察。TEM利用Philips-CM200透射电镜进行观察。EBSD分析采用JSM-6460扫描电镜配备的EDAX/TSL OIMTM系统进行测试,EBSD图谱大约由90 000 μm^2超过250 000数据点构成,其平均置信指数(CI)在0.21~0.56之间。EBSD试样采用常用金相试样,试样经过普通磨削抛光后电解抛光,电解抛光液为9 vol.%的高氯酸和91 vol.%冰醋酸的混合溶液,电解抛光温度采用288 K。为了研究相变温度不同相的晶格参数及热膨胀系数,测试了TMCs的室温X

射线衍射图谱（XRD）和不同温度的高温 X 射线衍射图谱（HTXRD）。XRD 分析是在 Siemens D－500 型 X 射线衍射仪上进行测试的，试样采用抛光好的金相试样。HTXRD 试样为从 TMCs 铸态试样上线切割下直径为 16 mm 的圆片状试样，并经过磨削抛光，最后厚度为 0. 8 mm。HTXRD 测试是在 X′Pert PRO（PW3040/60，Panalytical B. V.，Netherlands）衍射仪上进行的，靶台为 Co 靶，波长 λ＝0. 178 897 nm，测试电压为 40 kV，测试电流为 40 mA，扫描速率为 0. 15 °/s，测试角度为 20°～90°。HTXRD 试验时，试样加热速率为 0. 5 K/s，试样到温后先保温 8 min 再进行测试。

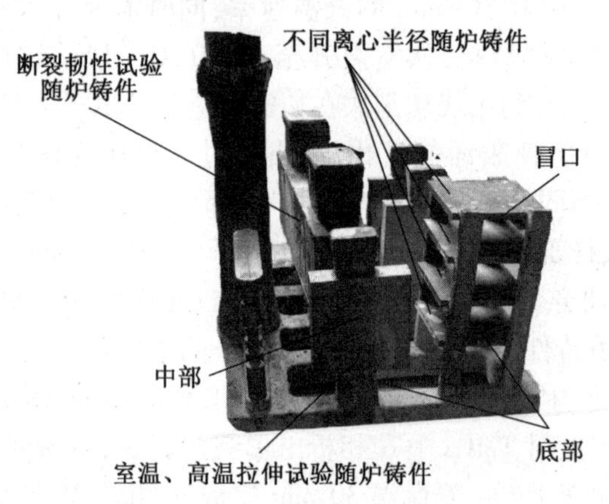

图 3-1　不同试样取样部位

3. 2　DSC 分析

为了研究 TMCs 的相变，对 TMCs 进行升温过程中的 DSC 测试，测试结果如图 3-2 所示。可以发现，对于 Ti－64 来说，在 975 ℃左右有一个吸热峰，与 Ti－64 的相变点吻合。对于铸态 TMCs 来说，在 1 025～1 050 ℃之间曲线有一个轻微的内凹，说明在此区间存在一个吸热反应，所以 TMCs 的相变是在一个温度区间内进行的。结合前期研究[130－133]，TMCs 的相变结束温度大约为 1 035 ℃。

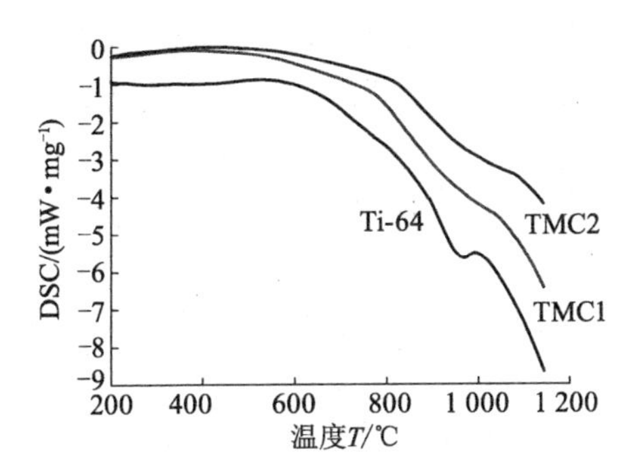

图 3-2　Ti－64 及 TMCs 的升温 DSC 曲线

3.3　TMCs 中相的晶体结构

由于本研究中 TMCs 中的含碳量较低,低于 β→α 相变时 C 在 Ti 基体中的固溶度[134, 135],因此 TiC 在相变时并未析出。那么在 TMCs 的 β→α 相变过程中主要涉及 α 相、β 相和 TiB 相之间的作用。Ti－64 基体中 α 相主要是 P63/mmc 结构[136, 137],如图 3-3 a 所示。β 相为 Im3m 结构[137],如图 3-3 b 所示。TiB 为 Pnma 结构[138],如图 3-3 c 所示。

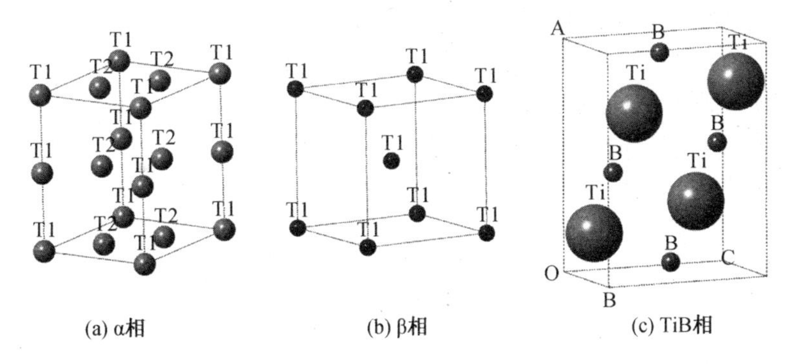

图 3-3　TMCs 中 α 相、β 相和 TiB 相的晶体结构

Ti－64 和 TMCs 的 XRD 图谱,如图 3-4 所示。可以发现,TMCs 中 α 相衍射峰的位置与 Ti－64 合金相比向左偏移,即衍射角减小。

TMCs 中衍射峰的偏移主要是由碳原子的固溶造成的。碳原子固溶进 α－Ti 晶格中形成间隙式固溶体，引起密排六方晶格参数的变化。根据衍射峰位置的变化可以计算出 TMC1 中 α－Ti 晶格常数 a 轴从 0.290 64 nm 增加到 0.290 72 nm，TMC2 中的增加到 0.290 74 nm；TMC1 中 α－Ti 晶格常数 c 轴从 0.464 82 nm 增加到 0.464 96 nm，TMC2 中的增加到 0.464 99 nm，测试误差小于 0.000 05 nm。

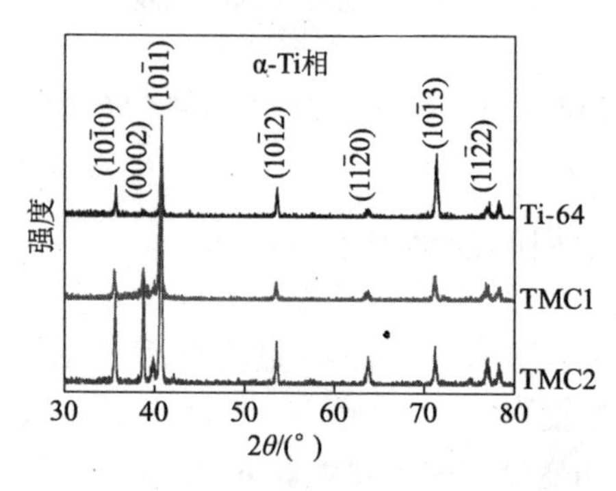

图 3-4　Ti－64 和 TMCs 的 XRD 图谱

为了研究不同温度下 TMCs 的晶格参数的变化，测试 TMCs 的高温 X 射线衍射图谱（HTXRD），如图 3-5 所示。由图可以发现，随着温度的升高，TMCs 中各相的衍射峰的位置也发生了变化，都出现了向小角度方向的偏移。根据衍射峰位置的变化，可以计算出 TMCs 各相不同温度下的晶格常数和热膨胀系数。计算结果如表 3-2 所示，晶格常数计算误差不超过 0.000 05 nm。对于密排六方结构的 α－Ti 相来说，其 a 轴的热膨胀系数大约为 9.0×10^{-6}/K，而 c 轴的热膨胀系数为 10.6×10^{-6}/K，这个计算结果与文献中[139, 140]的参数吻合。对于体心立方结构的 β－Ti 来说，热膨胀系数为 15.4×10^{-6}～15.9×10^{-6}/K，这个计算结果比 Ti－64 在低温时测得的结果要大[140]。根据 Elmer J. W. 等人的研究结果[140]，出现这一问题的原因主要是由 β 相的热膨胀系数在温度超过 750 ℃后出现急剧增长造成的。对于 TiB 相，热膨胀系数处于 8.6×10^{-6}/K～8.9×10^{-6}/K 之间，这一结果也与参考文献相近[141]。

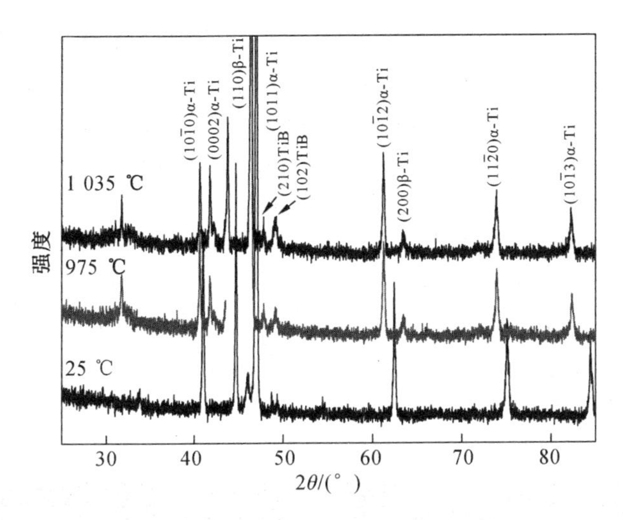

图 3-5　TMC1 在 25 ℃、975 ℃和 1 035 ℃等温度的 HTXRD 图谱

表 3-2　由 HTXRD 计算的晶格参数

温度/℃	α(hcp)/nm		β(bcc)/nm	TiB/nm		
	X	Z	X	X	Y	Z
25	0. 294 1	0. 471 3	0. 332 6	0. 613 7	0. 306 8	0. 436 9
975	0. 297 4	0. 477 6	0. 339 2	0. 620 6	0. 310 3	0. 469 1
1 035	0. 297 4	0. 477 7	0. 339 3	0. 620 7	0. 310 4	0. 469 2

3.4　TMCs 的组织结构分析

图 3-6 为 TMCs 精密铸造随炉铸件的 SEM 形貌图。Ti－64 和 TMCs 组织形貌的统计分析列于表 3-3 中。在精密铸造过程中，TMCs 在陶瓷模壳中凝固结晶并发生相变。与水冷铜坩埚和石墨铸型不同，陶瓷模壳具有隔热保温作用，降低了相变过程中的冷却速度，使材料的相变更趋于平衡转变，从而对 TMCs 的组织形貌产生影响。由图 3-6 a 所示，精密铸造 Ti－64 合金的铸造组织为典型的粗大魏氏组织，原始 β 晶粒的平均直径超过了 1 000 μm，原始

β 晶界上分布着粗大的晶界 α 相。当 Ti－64 合金在陶瓷壳层中从 β 相线缓慢降温时，α 相首先在 β 晶界处形核，并沿着晶界或者与晶界呈一定角度长大，随着温度的降低，会促进 α 板条在 β 晶界或已析出的 α 相界处大量形核，并平行长大，从而形成 α 集束。精密铸造 Ti－64 合金铸态组织中 α 集束的平均板条厚度为 2.5 μm。随着 B_4C 的添加，钛基复合材料中的原始 β 晶粒的平均直径由 Ti－64 中的 1 000 μm 减小到 50～100 μm，并且组织中观察不到粗大的晶界 α 相，魏氏组织得以消除。共晶产生的白色 TiB 晶须沿原始 β 晶界分布，形成类似“necklace”的组织结构[105]，如图 3-6 b～c 所示。

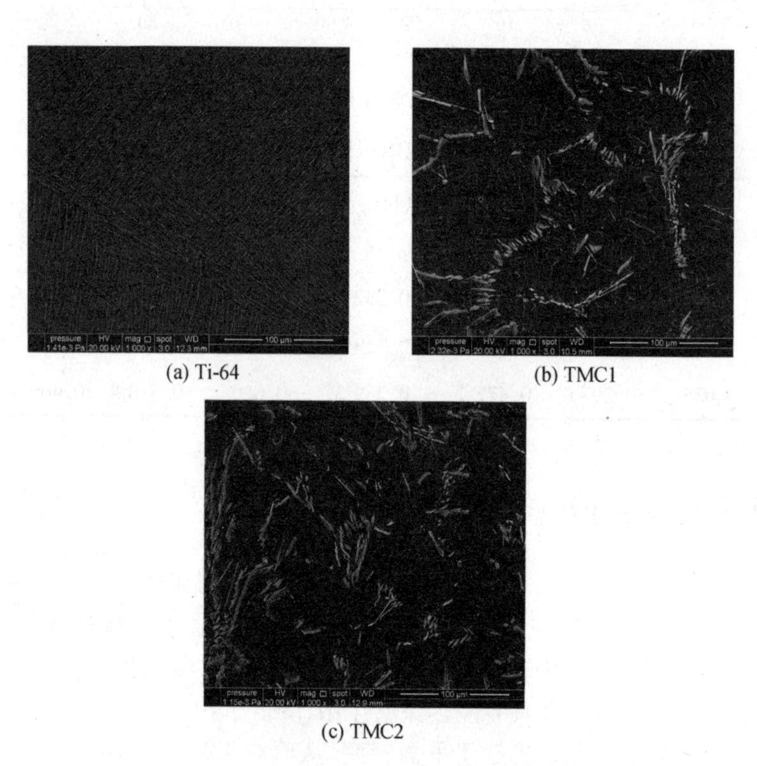

(a) Ti-64

(b) TMC1

(c) TMC2

图 3-6　精密铸件试样的 SEM 形貌

表3-3 Ti－64和TMCs的组织特征统计分析结果

试样	原始β晶粒尺寸/μm	α板条平均长径比(R)	TiB平均长径比(l/d)
Ti－64	>1 000	13.8	
TMC1	50～100	3.4	10.4
TMC2	50～100	3.3	10.3

根据学者的研究[112, 142],钛基复合材料中原始β晶粒的细化主要是由于先共晶β－Ti晶核析出时改变了TMCs熔液的化学成分而引起的。对于钛合金来说,室温时硼的固溶度低于0.02 wt.%[112]。而碳的固溶度在600 ℃时为0.126 wt.%,900 ℃时为0.458 wt.%[134, 135]。TMC1中的碳含量为0.10 wt.%,TMC2中碳含量为0.21 wt.%,结合Ti－C二元相图(见图2-10)可知,两者碳含量都低于先共晶β－Ti开始析出时碳在钛中的固溶度。因此β－Ti先共晶析出时,碳会完全固溶在β－Ti中,所以碳在凝固过程中对于TMCs熔液的成分没有太大的影响。而TMC1中的B含量为0.38 wt.%,TMC2中的B含量为0.76 wt.%,远远高于硼在钛合金中的固溶度。因此,当先共晶β－Ti形核析出时,会向金属液排出多余的B,从而改变TMCs熔液中B的含量。熔液成分的变化引起合金液相线的变化,从而使合金熔液过冷度增加,为β－Ti形核提供形核驱动力,使β－Ti的形核率增加,减缓β－Ti的长大速率,细化β晶粒[112, 113]。除此之外,β－Ti枝晶之间析出的TiB晶须也会阻碍β－Ti晶粒的生长,使β晶粒细化。B_4C的添加不仅细化了原始的β晶粒,而且α相的形貌也发生了变化,由Ti－64中细长的板条组织形貌转变为短而粗的趋于等轴化的形貌。为了系统研究统计α相的形貌的变化,将α板条长与宽的比定义为α相的长径比。图3-7 a为Ti－64精密铸造合金铸造组织中的α板条的长径比的分布图,其中数据是由统计精密铸件组织中不同α集束近100个不同α板条形貌得到的。由图中可以看出,长径比分布在5～17之间的α板条占到79%。Ti－64精密铸造组织中α板条的平均长径比为13.8。TMCs中,大约80%的α板条长径比分布在2～4之

间,如图 3-7 b ~ c 所示,TMC1 中的 α 板条的平均长径比为 3.4,TMC2 中的 α 板条的平均长径比为 3.3。

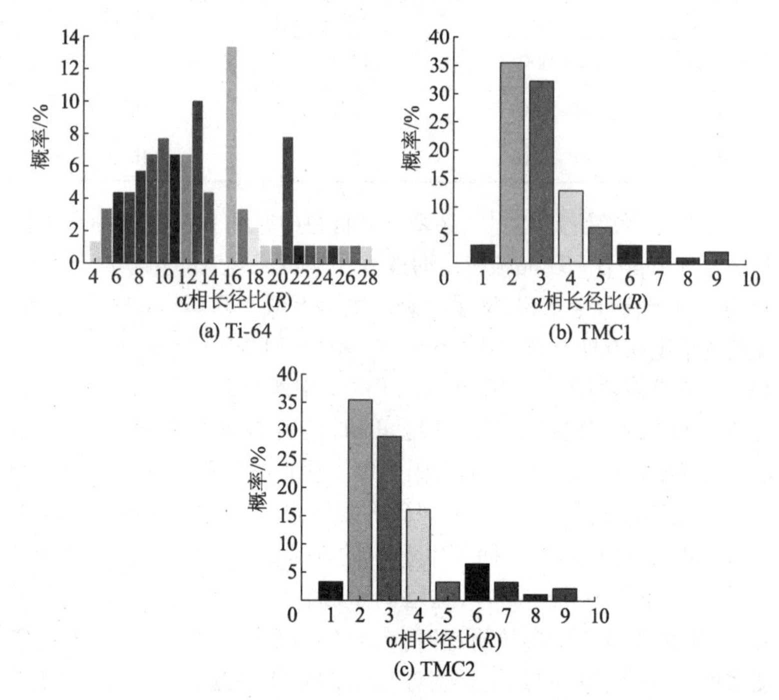

(a) Ti-64　(b) TMC1　(c) TMC2

图 3-7　精密铸件试样中 α 板条的长径比的分布图

由图 3-8 a 中 TEM 明场像可以看出,在 Ti－64 合金中,α 相为典型的板条结构。由 TMCs 的 TEM 明场像可以看出,白色针状的为 TiB 晶须,根据其衍射图谱可以发现其为 B27 结构,如图3-8 b 所示。靠近 TiB 的 α 相的长径比明显减小,其形貌类似于等轴状。与 Ti－64 合金相比,由于 B_4C 的加入,TMCs 中的 α 相明显发生了球化转变。Hill D.[129]在 TiB 增强钛基复合材料研究工作中指出,球化 α 相经常在 TiB 晶须处析出。除此之外,在很多 TiB 增强钛基复合材料的研究中都出现过类似的组织形貌特点[112, 129, 143]。如前所述,本研究中由于 C 的固溶,TiC 还未从基体中析出,因此推测,TiB 的存在有可能是产生这种形貌变化的主要原因。在 Ti－64 合金中，α 相晶核优先在 β 相晶界析出，而 TMCs 中，TiB 也可以作为 α 相析出的形核位置。

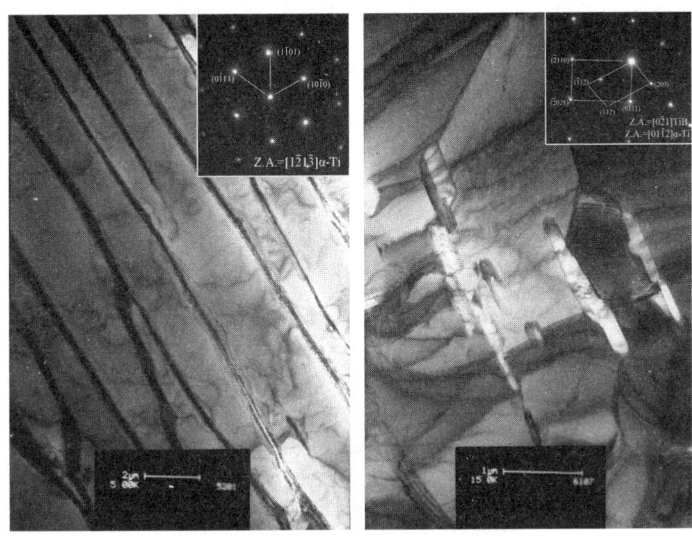

(a) Ti-64中的α板条　　(b) TMCs中的α相

图 3-8　TEM 明场像(图中嵌入的为相应的 SAD 图谱)

图 3-9 为 Ti－64 和 TMCs 的 EBSD 晶界图谱，其中晶界位相差大于 15°的大角度晶界用蓝色晶界表示，小于 5°的小角度晶界用红色晶界表示，介于 5°～15°之间的用绿色晶界表示。Ti－64 合金中晶界中大部分都是红色的小角度晶界，如图 3-9 a 所示，并且红色小角度晶界尺寸较大，蓝色大角度晶界的数量较少。Ti－64 的 EBSD 晶界图谱显示其铸造组织为典型的 α 集束组织，集束内为平行的 α 板条，板条之间具有相似的位相，而原始 β 晶粒内只有几个不同位相的 α 集束。TMCs 中组织发生了明显的变化，如图 3-9 b～c 所示，α 集束特征明显得到了抑制，长而直的小角度晶界消失，α 相也变得短而粗，类似等轴化。蓝色的大角度晶界明显增多，说明 α 相(α 集束)取向增多。这主要是由于 TMCs 中 α 相可以以 TiB 晶须作为形核质点，大量 α 相晶核可以依附 TiB 并以不同的位向形核长大，引起小角度晶界减少，α 集束消失。

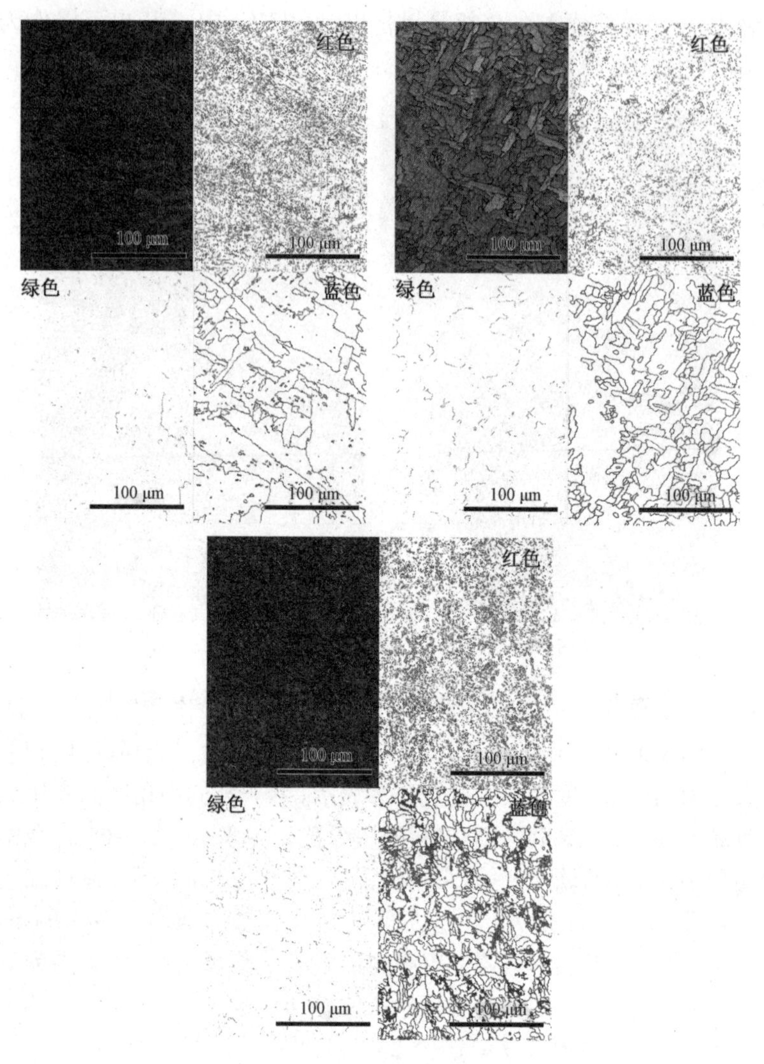

图 3-9　EBSD 晶界图

图 3-10 为 Ti－64 和 TMCs 的 EBSD 晶粒图。其中,晶粒是由层片夹角小于 5°的 α 集束或不同位相的球状 α 相构成的。重建的晶粒组织被赋予不同的灰度,不同灰度表示晶粒之间为大角度晶界。Ti－64 的平均晶粒(集束)尺寸为 96 μm,其中大部分分布在

80～170 μm之间(见图3-10 a)。对于TMCs来说,其α晶粒(集束)尺寸明显减小,如图3-10 b～c所示,TMC1从96 μm降低到14 μm,TMC2为13 μm。这些变化是由于TiB晶须的存在和β晶粒的细化造成的,从而α相的形核和长大发生了变化。类似的研究见Orley Milagres Ferri等的文献[128]。

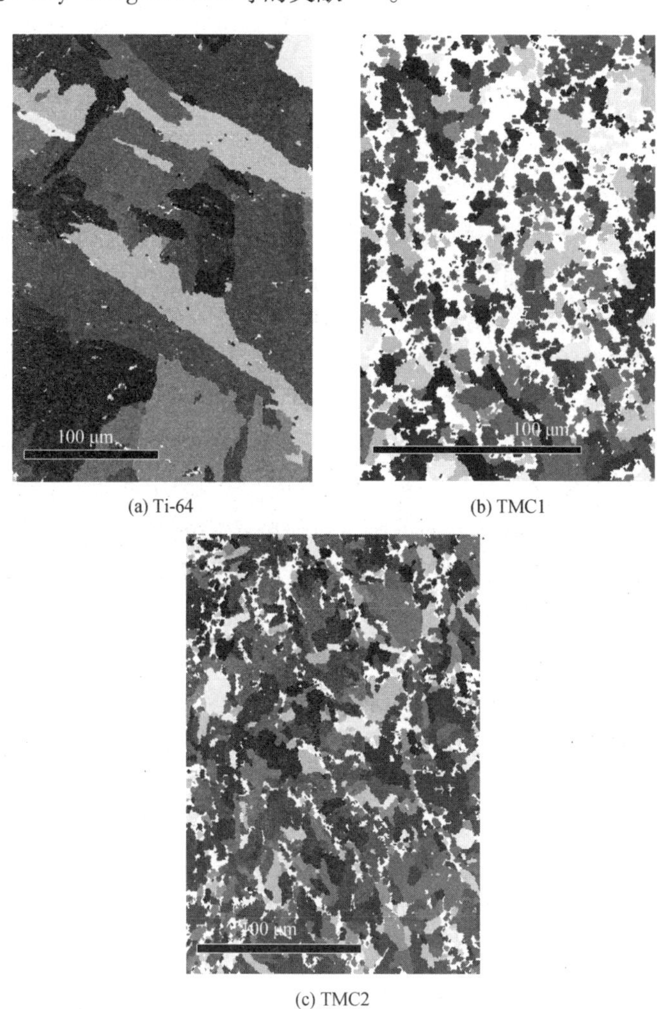

(a) Ti-64

(b) TMC1

(c) TMC2

图3-10 EBSD晶粒图

3.5 TMCs不同离心半径组织分析

为了研究离心力对TMCs组织的影响，依次在不同离心半径处如随炉铸件的冒口、中部和底部取样，取样位置如图3-1所示。不同离心半径处钛基复合材料的SEM形貌如图3-11所示。根据前面的分析可知，图3-11中白色沿晶界分布的相为TiB晶须和TiC颗粒，深色的为基体组织主要是α板条和少量β相。可以发现，随炉铸件的冒口部位（见图3-11 a、d）与铸件内部（见图3-11 b、c、e、f）相比，基体的组织形貌变化不大，但是增强体出现了明显的偏聚现象，冒口部位增强体的偏聚主要是由于铸造充型过程中，前期析出的TiB在冲刷和重熔作用下，在后续金属熔液裹挟下形成液流的前沿，最后随液流充型到冒口处，并凝固形成冒口处的偏聚现象。而随炉铸件中部和底部的增强体分布未发现随离心力的变化，未出现明显的差异。钛基复合材料铸件中组织的均匀性，一方面归功于增强体TiB和TiC与基体Ti-64的密度相近，在离心力作用下不会出现明显的梯度分布；另一方面，与铸造用钛基复合材料的凝固结晶路径具有重要的关系。本研究选用的钛基复合材料的凝固结晶路径如图2-8 a所示，β-Ti是先析出相，而TiB和TiC都是后期共晶反应的析出产物。铸造时，在离心力的作用下，熔液充型迅速，充型时间短，钛基复合材料的凝固大都是在充型完成后才开始的。铸件凝固时先析出β-Ti形成β晶粒，随着β-Ti的析出和长大，熔液被排挤到β晶粒之间的间隙处，其成分趋向于共晶成分，进一步冷却TiB和TiC后在β晶粒的间隙处发生共晶反应析出，限制了增强体的可移动范围。此外，TiB、TiC及Ti-64合金基体的密度接近，这进一步保证了钛基复合材料在离心力的作用下凝固结晶，增强体也不会出现明显的梯度分布，从而保证了铸件整体力学性能的均匀性。

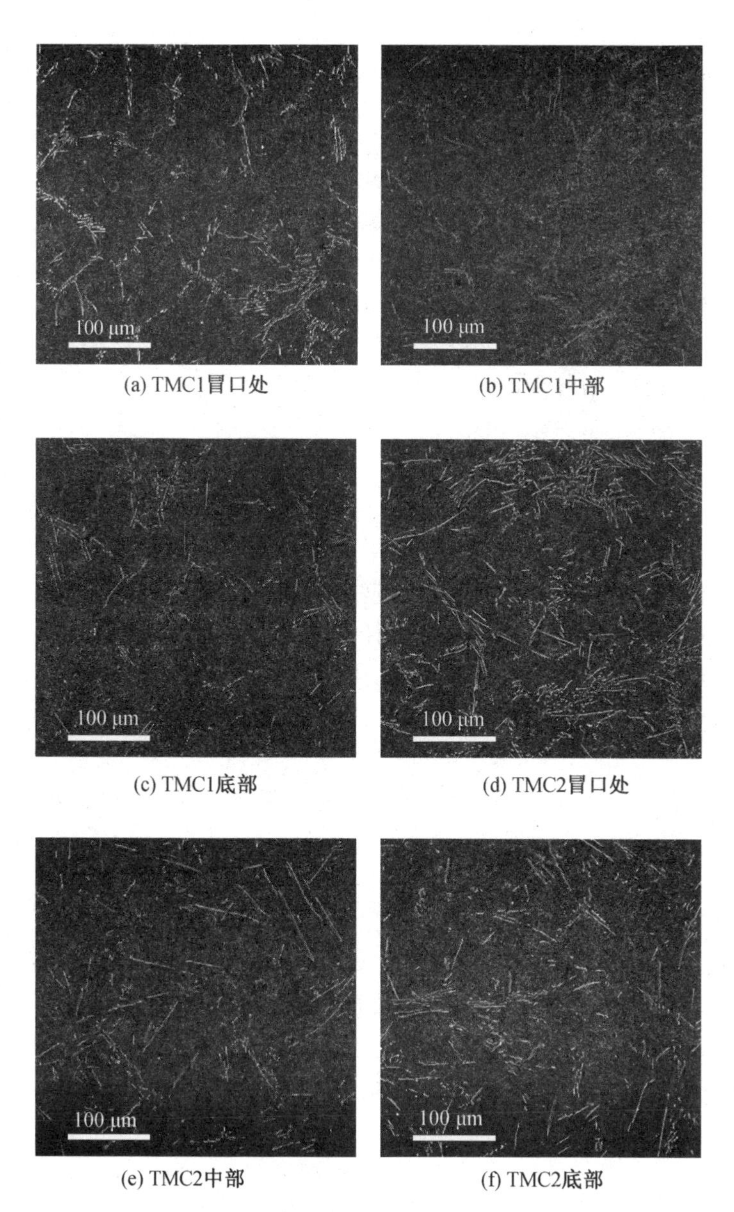

(a) TMC1冒口处 (b) TMC1中部

(c) TMC1底部 (d) TMC2冒口处

(e) TMC2中部 (f) TMC2底部

图 3-11 不同离心半径处的 SEM 形貌

3.6 TMCs组织转变分析

对沉淀析出相来说,其形貌主要取决于相变自由能,而相变自由能是由体积自由能、应变能和界面能构成的[144, 145]。对于 Ti-64 合金,α 相开始析出时只能以 β 相晶界作为形核位置,而 TMCs 中 α 相可以以 TiB 晶须作为形核质点,使相变中的形核界面能和应变能的大小发生改变,从而导致 α 相形貌的变化。

TMCs 中的 α 相是由高温相 β 相通过相变析出形成的,其标准相变自由能 ΔG 可以表示为[145]

$$\Delta G=\frac{4}{3}\pi a^3 R(\Delta G_V+W)+\pi a^2 Y[2+g(R)] \tag{3-1}$$

式中,a 是形核晶核中一个半轴,c 是形核晶核的另一与 a 垂直的半轴,$R=a/c$ 是晶核的长径比,ΔG_V 是 α 相形核的体积自由能,W 是形成单位体积的 α 相所引起的应变能,Y 是由于 α 相的形成而引起的界面能,$g(R)$ 函数是与长径比 R 有关的形状因子。本研究中,$R>1$,所以 $g(R)$ 函数可以表示为[145]

$$g(R)=\frac{2R}{\sqrt{1-R^{-2}}}\sin^{-1}\sqrt{1-R^{-2}} \tag{3-2}$$

应变能 W 也与晶核的形状有关,其与长径比 R 的关系可以表示为[144, 145]

$$W=2\mu_\alpha\frac{1+v_\alpha}{1-v_\alpha}\varepsilon^2 h(R) \tag{3-3}$$

式中,μ_α 是 α 相的剪切模量,v_α 是 α 相的泊松比,ε 是一个极小量[144, 146, 147],$h(R)$ 是与晶核形状有关的一个函数,主要与长径比 R 有关。为了方便表示函数 $h(R)$,引入一个剪切模量比 $f=\mu/\mu_s$,其中 μ_s 是析出相 α 相周围的相的剪切模量。由于 $R>1$,函数 $h(R)$ 可以表示为[144]

$$h(R)=\frac{f(f+3)(1-v_\alpha)}{2[f+(1-2v_\alpha)]} \tag{3-4}$$

由于起始的形核晶核的尺寸较小,为了方便计算,假设 α 相的

初始晶核的长径比 $R=1$。图 3-12 为 α 相以不同相作为形核质点形核时的形核示意图。

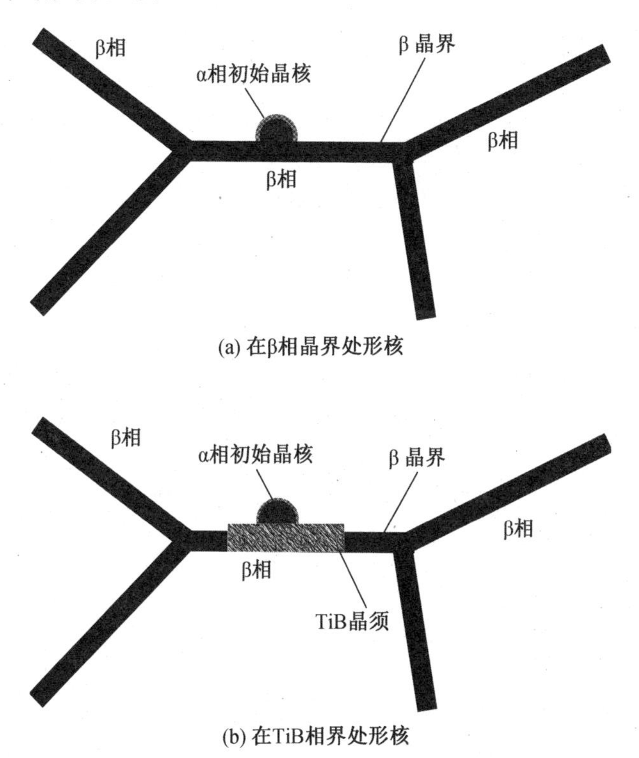

图 3-12 α 相在不同形核位置形核时形核示意图

对于 Ti-64 合金来说，当 α 相从 β 相中析出时，α 相是被 β 相包围的，如图 3-12 a 所示，因此 μ_s 就是 β 相的剪切模量。利用表 3-4 中的数据代入式(3-3)，计算可得，α 相的形核应变能 $W_{\alpha/\beta}=238.5\varepsilon^2\ \mathrm{J/mm^3}$。然而在 TMCs 中，α 相形核时还可以在 TiB 上形核，此时 α 相的晶核底面是与 TiB 相接的，其形核示意图如图 3-12 b所示。对于 α/TiB 界面来说，μ_s 应当是 TiB 的剪切模量，相应地可以得到：$W_{\alpha/\mathrm{TiB}}=67.8\varepsilon^2\ \mathrm{J/mm^3}$。但是对于 α 相晶核其余部分而言，α 晶核的接触相仍为 β 相，相对应部分的应变能与在 Ti-64 合金中形核时相同。因此，当 α 相在 TiB 晶须上形核时，应

变能 W_{TMCs} 可以表示为

$$W_{TMCs} = W_{\alpha/TiB}\,\phi_{\alpha/TiB} + W_{\alpha/\beta}\,\phi_{\alpha/\beta} \tag{3-5}$$

式中，$\phi_{\alpha/TiB}$ 是 α/TiB 接触界面的面积比，可由式(3-6)计算得到；$\phi_{\alpha/\beta}$ 是 α/β 接触界面的面积比，可由式(3-7)计算得到。

$$\phi_{\alpha/TiB} = S_{\alpha/TiB}/(S_{\alpha/TiB} + S_{\alpha/\beta}) \tag{3-6}$$

$$\phi_{\alpha/\beta} = S_{\alpha/\beta}/(S_{\alpha/TiB} + S_{\alpha/\beta}) \tag{3-7}$$

式中，$S_{\alpha/TiB}$ 为 α 相和 TiB 晶须的接触面积，$S_{\alpha/\beta}$ 是 α 相和 β 相的接触面积。

根据形核示意图（见图 3-12）可知，在形核初始阶段，$S_{\alpha/TiB} = \pi a_0^{\ 2}$，$S_{\alpha/\beta} = 2\pi a_0^{\ 2}$，因此，$\phi_{\alpha/TiB} = 1/3$，$\phi_{\alpha/\beta} = 2/3$，代入式(3-5)。根据计算结果发现：当 α 相在 TiB 处形核时，形核应变能下降为 Ti－64 合金中的 3/4，应变能 $W_{TMCs} = 181.6\varepsilon^2\ \mathrm{J/mm^3}$。

表 3-4　自由能计算用到的参数

相	弹性模量 E/GPa	泊松比 v	剪切模量 $\mu = E/(2+2v)$/GPa
α(hcp)	132.2[148]	0.27[149]	52
β(bcc)	81.1[148]	0.27[149]	31.9
TiB	550[149]	0.14[149]	241.2

β→α 的相变中，形核界面能主要由两部分组成，一部分是界面的错配能 Y_m，另一部分是界面上弹性应变场形成的应变能 Y_{strain}，形核界面能可以表示为[150]

$$Y = Y_m + Y_{strain} = \frac{\mu L_s}{4\pi^2}[1 + \gamma - (1+\gamma^2)^{\frac{1}{2}}] - \frac{\mu L_s \gamma}{4\pi^2}\ln[2\gamma(1+\gamma^2)^{\frac{1}{2}} - 2\gamma^2] \tag{3-8}$$

式中，L_s 是 α 相和周围相界面的晶格间距；γ 是一个与晶格参数有关的参数，可用式(3-9)来表示[150]：

$$\gamma = 2\pi\frac{L_s\mu_a\mu_b}{\mu P[\mu_a(1-v_b) + \mu_b(1-v_a)]} \tag{3-9}$$

式中，符号的下标 a、b 分别表示界面上析出相和包围相，其中比界面的值小的用下标 a 表示,比界面值大的用下标 b 表示,不带下标的表示界面的值。因此,L、μ、v 分别表示界面处的不同大小的晶格参数、剪切模量和泊松比。P 是位错间距,可用式(3-10)来表示[150]:

$$P=(k+1)L_a=kL_b=\left(k+\frac{1}{2}\right)L_s \tag{3-10}$$

式中,k 为常数,晶格间距 L_s 定义为式(3-11)。

$$\frac{2}{L_s}=\frac{1}{L_a}+\frac{1}{L_b} \tag{3-11}$$

μ 是界面的剪切模量,其值用式(3-12)来计算[150],μ_0 是界面上无缺陷的剪切模量,这里可以用 α 相的剪切模量来代替。

$$\mu=\frac{\mu_0 L_b}{L_a} \tag{3-12}$$

Ti-64 合金中,β→α 的相变满足 Burgers 关系[129, 151],即

$$(1\ 0\ 1)_{\beta}\parallel(0\ 0\ 0\ 1)_{\alpha}$$

$$[1\ 1\ \bar{1}]_{\beta}\parallel[1\ 1\ \bar{2}\ 0]_{\alpha}$$

当 α 相从 β 相中析出时,我们假设其依照 Burgers 关系析出,相关的晶格参数由 HTXRD 测得,如表 3-2 所示。经计算可以得到相变温度附近的晶格参数 $L_a(d_{(101)_{\beta-Ti}})$ 为 0.165 nm,$L_b(d_{(0001)_{\alpha-Ti}})$ 为 0.471 nm。相关的数据代入式(3-10)和式(3-11),可以得到 Ti-64 相关参数:$k=0.539$,$P=0.254$ nm,$L_s=0.244$ nm。

据相关文献[55, 64, 105, 152-154],由于不同的位相的表面能不同,TiB 晶须生长时更易于沿着[010]方向生长。因此,TiB 晶须上(100)、(101)和(10$\bar{1}$)等晶面更易暴露在外直接与 β-Ti 接触,这些晶面就容易成为相变的析出部位。TiB 的(100)与 α 相具有相应的位相关系[152, 153]:

$$(100)_{TiB}\parallel(10\bar{1}0)_{\alpha}$$

假设钛基复合材料中 α 相析出时满足上述相应的位相关系,结合相变温度区间的晶格参数,可以得到相应 TMCs 相变时的晶格参数为:$L_a(d(10\bar{1}0)_{\alpha-Ti})=0.255$ nm,$L_b(d(100)_{TiB})=0.616$ nm,

$k=0.706$，$P=0.435$ nm，$L_s=0.361$ nm。计算得到的数据代入式(3-8)，可以得到$Y_{\alpha/\beta}=0.529$ J/m^2，$Y_{\alpha/\text{TiB}}=0.751$ J/m^2。与形核应变能W_{TMCs}类似，当α相以TiB作为形核质点时，形核界面能Y_{TMCs}为

$$Y_{\text{TMCs}}=Y_{\alpha/\text{TiB}}\phi_{\alpha/\text{TiB}}+Y_{\alpha/\beta}\phi_{\alpha/\beta} \tag{3-13}$$

代入相应的数据，可以得到：$Y_{\text{TMCs}}=0.603$ J/m^2。可以看到，由于TiB作为α相的形核质点，形核界面能比Ti－64中增加了14%。代入相应的计算结果，再把式(3-2)、式(3-3)和式(3-8)代入式(3-1)，则形核自由能ΔG可以写成

$$\Delta G_{\alpha/\beta}=\frac{4}{3}\pi a^3 R[\Delta G_V+238.5\varepsilon^2]+\pi a^2 0.529\left[2+\frac{2R}{\sqrt{1-R^{-2}}}\sin^{-1}(\sqrt{1-R^{-2}})\right] \tag{3-14}$$

$$\Delta G_{\alpha/\text{TiB}}=\frac{4}{3}\pi a^3 R(\Delta G_V+181.6\varepsilon^2)+\pi a^2 0.603\left[2+\frac{2R}{\sqrt{1-R^{-2}}}\sin^{-1}(\sqrt{1-R^{-2}})\right] \tag{3-15}$$

由α相以不同相作为形核质点析出时的自由能变化方程式(3-14)和式(3-15)可知，ΔG主要取决于α相的长径比R和晶核半轴a的值。根据Wang Y.[155]的研究，Ti－64合金中，α相从β相中析出时，其起始晶核的半径a大约为0.25 μm，β相转变为α相时，体积自由能(ΔG_V)大约是0.5 kJ/mol[155]。由于相变自由能方程式(3-14)和式(3-15)中的ε是一个未知的极小值常量，因此先赋予其不同的值，如$\varepsilon^2=0.000\ 1$，0.000 15，0.000 173，0.000 2等，代入式(3-14)，可以得到不同长径比R与自由能ΔG的变化曲线，如图3-13 a所示。

由图3-13 a可以看出，当$\varepsilon^2=0.000\ 2$时，自由能ΔG的值都是大于零的，表示此时不能析出α相。当$\varepsilon^2=0.000\ 1$和0.000 15时，所有的曲线都在负数区间，意味着此时α相析出时是可以以任意R值析出的，即R值最小是1(定义$R\geqslant 1$)。然而从实际来看(见图

3-7),Ti－64 合金中 R 的最小值是 4,所以此时的 ε^2 的值略低于真实值。当 $\varepsilon^2=0.000\ 173$ 时,计算结果与试验结果相符,由此可以确定 ε^2 的值大约为 0.000 173。同样把 $\varepsilon^2=0.000\ 1,0.000\ 15,0.000\ 173,0.000\ 2$ 代入式(3-15),可以得到 α 相以 TiB 作为形核质点析出时的自由能 ΔG 随 R 变化的曲线,如图 3-13 b 所示。由图可以看到所有的曲线都在零线以下,表示当晶核半轴 $a=0.25\ \mu m$ 时,α 相若以 TiB 作为形核质点时,可以以任意长径比析出,即 R 的最小值是 1。

Ti－64 合金中不同晶核尺寸的自由能 ΔG 随长径比 R 的变化曲线如图 3-13 c 所示。由图可以看出,当晶核尺寸为 0.242 μm 时,自由能 ΔG 全部大于零,表明此时不能发生相变析出。也就是说,当晶核尺寸小于 0.242 μm 时,β→α 的转变是不能发生的。当晶核尺寸为 0.25 μm 时,自由能在 $R=4$ 时开始是负值,说明此种情况下,α 相能够以长径比最小为 4 的形状析出。而当晶核尺寸为 0.243 μm 时,只有长径比为 14 以上的自由能值才是负值,α 相只能以长径比大于 14 的形貌析出。综合分析可以发现,在 Ti－64 合金中,α 相析出时临界晶核只有大于 0.243 μm 时,才可以发生相变,起始晶核的微小变化都会对其形貌产生很大的影响,随着起始晶核尺寸的变大,长径比急剧减小。一般情况下,相变析出时临界晶核更容易以最小的尺寸析出,所以 Ti－64 合金中 α 相更易以较大的长径比形貌析出并长大,试验中 Ti－64 合金中 α 相的平均长径比达到了 13.8。

而当 TiB 作为 α 相的形核质点时,α 相的起始临界晶核尺寸可以降低到 0.1 μm,并且此时只有长径比 R 大于 3 的晶核才可析出长大,如图 3-13 d 所示。然而 Ti－64 合金中,当 α 相以 β 相作为形核质点析出时,若临界晶核尺寸为 $a=0.1\ \mu m$,所有 ΔG 都大于零,α 相不能从 β 相中析出。Ti－64 合金中,α 相的尺寸必须大于 0.243 μm 才会从 β 相中析出,其可以发生相变析出的临界晶核尺寸大约是 TMCs 中 α 相以 TiB 作为形核质点析出时的临界晶核尺寸的两倍多,所以 α 相在 TMCs 中更容易以 TiB 作为形核质点析出。

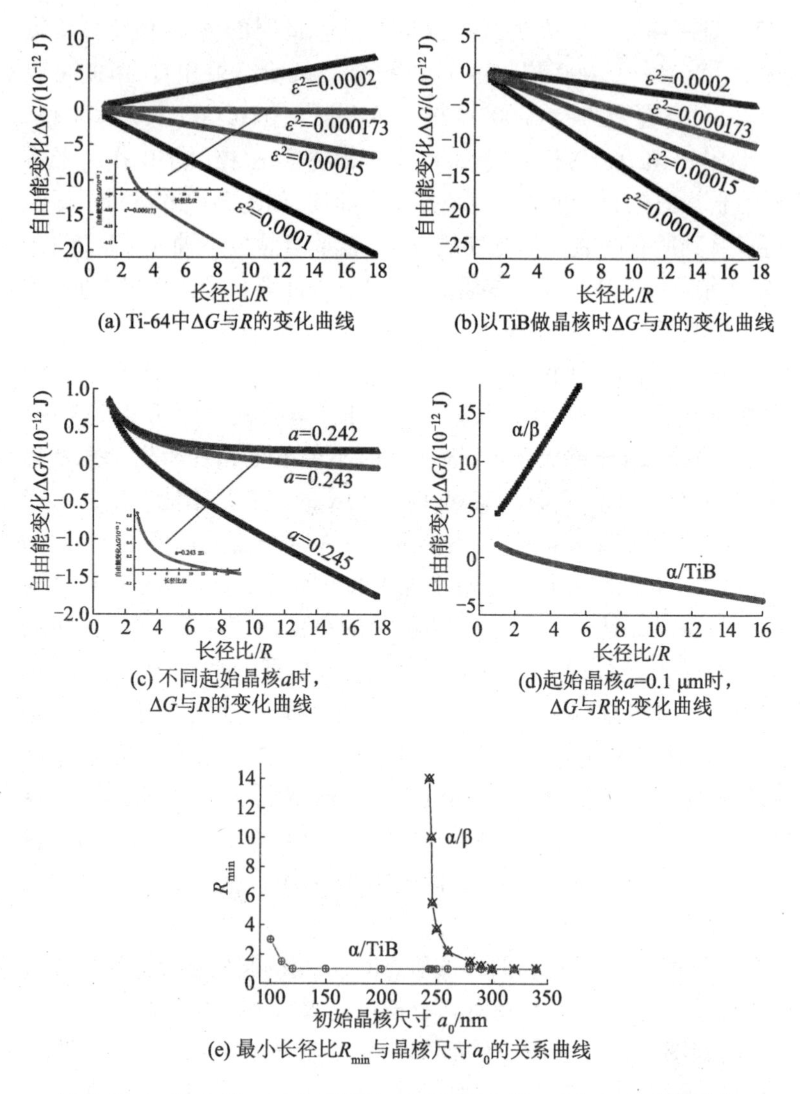

(a) Ti-64中ΔG与R的变化曲线

(b)以TiB做晶核时ΔG与R的变化曲线

(c) 不同起始晶核a时，ΔG与R的变化曲线

(d)起始晶核a=0.1 μm时，ΔG与R的变化曲线

(e) 最小长径比R_{min}与晶核尺寸a_0的关系曲线

图 3-13　α 相在 Ti－64 和 TMCs 析出时自由能 ΔG 与 R 的变化曲线

为了进一步研究 α 相的析出，我们把 α 相在某晶核尺寸可以析出的最小长径比定义为 R_{min}，即该晶核尺寸下自由能 ΔG 刚小于零时的长径比。图 3-13 e 中给出了晶核尺寸和最小长径比的关

系。在 Ti－64 合金中 β 相作为 α 相的形核质点时，α 晶核的析出是从晶核尺寸在 0.243 μm 以上开始的，并且随着晶核尺寸的增加长径比急剧下降。临界晶核尺寸的增长需要更大的过冷度，而过冷度的增加意味着转变温度的下降，转变温度的降低又会限制晶核的长大。在精密铸造过程中，合金是在陶瓷壳层中冷却结晶的。陶瓷壳层具有非常好的隔热保温效果，会降低合金相变过程中的冷却速度，因此需要过冷度较小的小尺寸起始晶核更容易析出长大，这就使 Ti－64 合金中的 α 相更容易以较大长径比析出，最终其长径比分布在 4～29 之间，平均长径比为 13.8。而 TMCs 中，α 相可以以 TiB 作为形核质点，当 α 相起始晶核为 0.1 μm 时，小长径比为 3。而当临界晶核增长到 0.12 μm 时，其最小长径比下降到 1。同样 TMCs 在精密铸造时也是在陶瓷壳层中冷却，α 相析出时小尺寸临界晶核更容易析出长大，这就造成大多数 α 相的长径比分布在 2～4 之间。

Ti－64 合金中，α 板条除去以 β 晶界作为形核质点析出外，在析出晶界 α 相后，还可以以晶界 α 相作为形核质点析出。在 α/α 界面上，μ_s 是 α 相的剪切模量，因此 $W_{\alpha/\alpha} = 180.9\varepsilon^2\ \mathrm{J/mm^3}$。类似于在 TiB 晶须上析出，另一边 α 晶核与 β 相相接，应变能($W_{\alpha/\mathrm{boundary}\ \alpha}$)可以表示为

$$W_{\alpha/\mathrm{boundary}\ \alpha} = W_{\alpha/\alpha}\phi_{\alpha/\alpha} + W_{\alpha/\beta}\phi_{\alpha/\beta} \tag{3-16}$$

计算可得应变能($W_{\alpha/\mathrm{boundary}\ \alpha}$)从 $238.5\varepsilon^2\ \mathrm{J/mm^3}$ 降到 $219.3\varepsilon^2\ \mathrm{J/mm^3}$，降低了 8%。当 α 板条以晶界 α 相析出时，其接触界面为完全共格界面，因此界面能($Y_{\alpha/\mathrm{boundary}\ \alpha}$)可以表示为

$$Y_{\alpha/\mathrm{boundary}\ \alpha} = Y_{\alpha/\beta}\phi_{\alpha/\beta} \tag{3-17}$$

代入相应参数可以得到界面能($Y_{\alpha/\mathrm{boundary}\ \alpha}$)从 $0.537\ \mathrm{J/m^2}$ 降到 $0.358\ \mathrm{J/m^2}$，降低了 33%。

由于相变过程中应变能和界面能都是相变的阻力，所以界面能和应变能的下降，对于相变的析出是有促进作用的。并且界面能比应变能下降得更多，造成晶核会以最小应变能的形式析出，即 α 相以晶界 α 相为形核质点析出时，α 板条容易以更大的长径比进

行析出长大。

总之,TMCs 中由于 TiB 的存在,形核界面能增加了 14%,而弹性应变能降到了 Ti-64 的3/4。因此,当 TiB 作为 α 相析出的形核质点时,α 相更容易以小尺寸的临界晶核析出,晶核以更小的长径比更加类似于等轴状的形貌长大。

3.7 本章小结

(1) B_4C 的加入造成 TMCs 晶格参数的变化,TMC1 中 α-Ti 晶格常数 a 轴从 0.290 64 nm 增加到 0.290 72 nm,c 轴从 0.464 82 nm 增加到 0.464 96 nm;TMC2 中 a 轴增加到 0.290 74 nm,c 轴增加到 0.464 99 nm。

(2)精密铸件整体组织均匀,离心力作用下未出现增强体的梯度分布。并且由于 B_4C 的加入,原始 β 晶粒得到细化,消除了粗大的魏氏组织,α 相间的小角度晶界减少,α 相取向增多,α 晶粒(集束)尺寸明显减小,分别从 96 μm 降低到 14 μm(TMC1)和 13 μm(TMC2),α 板条平均长径比分别由 13.8 减小到 3.4(TMC1)和 3.3(TMC2)。

(3)TMCs 中,α 相的长径比的下降,即 α 相的等轴化主要归因于界面能的升高和应变能的降低。TMCs 中当 TiB 作为 α 相的形核质点时,形核界面能增加了 14%,而弹性应变能降到了 Ti-64 的 3/4,起始临界晶核可以减小到 0.1 μm,而此时晶核最小长径比 $R_{min}=3$。然而当 α 相以 β 相作为形核质点析出时,临界晶核只有超过 0.243 μm 才可以析出,而此时最小长径比 $R_{min}=14$。因此 TMCs 中 α 相趋向以 TiB 作为形核质点,从而以小尺寸的临界晶核析出,以小长径比类似等轴状的形貌长大。

第4章　(TiC + TiB)/TC4 钛基复合铸件的力学性能研究

与钛合金相比,TMCs 具有更加优异的高温力学性能和性能的可设计性[123, 131, 156, 157]。利用传统的钛合金熔炼方法加上 Ti 和 B_4C 之间的原位自生反应制备的 TiB 和 TiC 增强 TMCs 具有干净的界面[97, 98],从而可以充分发挥 TMCs 力学方面的优势。B_4C 的添加在钛合金基体内引入了 C 和 B,可改变 TMCs 的凝固结晶路径,使其组织形貌发生改变[98, 123, 127],并引起多种强化效果,如沉淀强化和细晶强化[70, 158, 159],从而使材料的强度得到提高[158, 160, 161]。郭相龙等[70]曾对 TMCs 的屈服强度进行过建模计算,模型中充分考虑了多种增强相的复合强化作用,研究发现 TMCs 强度的提高主要取决于 TiB 和 La_2O_3 的增强作用和基体组织的细化。

TMCs 复杂形构件可以利用精密铸造成型的方法进行成型[162]。在精密铸造过程中,TMCs 是在陶瓷型壳中凝固结晶并冷却到室温的,与常用的水冷铜坩埚相比,冷却速度明显变缓,从而影响 TMCs 的相变过程,对 α 相的形貌产生影响。通过精密铸造成型可获得 TMCs 精密铸件,其铸态组织中 α 相间的小角度晶界减少、取向增多、晶粒(集束)尺寸明显减小,α 相也趋向于等轴化,这些都会对其力学性能产生不同的作用。本章主要通过室温拉伸、高温拉伸和断裂韧性等试验,研究 TMCs 精密铸造成型获得的随炉铸件的力学性能。结合 TMCs 组织形貌特点,根据第二相强化、细晶强化和固溶强化等多元强化机制模型,并考虑增强效果之间的协同作用,对 TMCs 强度进行数学建模,解析 TMCs 的强化机制,并通过对 TMCs 断口的分析,探讨 TMCs 的断裂机制。

4.1 试验材料和试验内容

本次试验材料采用精密铸造获得的钛基复合材料 TMC1、TMC2 及 Ti－64 合金的随炉铸件。室温、高温拉伸试样的轴向(长)平行于离心力方向,从随炉铸件上利用线切割的方式切下,通过传统的磨削抛光技术去除表面划痕,拉伸试样的尺寸如图 4-1 所示。为了研究不同离心力对力学性能的影响,在不同离心半径随炉铸件上不同层面分别取样,拉伸试样轴向平行于不同离心半径随炉铸件的平面(即与离心力方向垂直),通过磨削抛光后,测试抗拉强度。室温拉伸试验采用 Zwick T1－FR020TN. A50 在室温下进行测试,拉伸速率是 10^{-3}/s。高温拉伸试验利用 CSS－3905 测试系统测试,拉伸速率为 10^{-3}/s。断裂韧性试验测试设备采用 MTS 伺服测试系统,试验标准采用 GB/T 21143—2007 标准,断裂韧性试样及其缺口特征如图 4-2 所示。断口 SEM 观察采用 JSM－6460 扫描电子显微镜进行观察,拉伸后试样 TEM 采用 Philips CM200 透射电镜(TEM)进行观察。

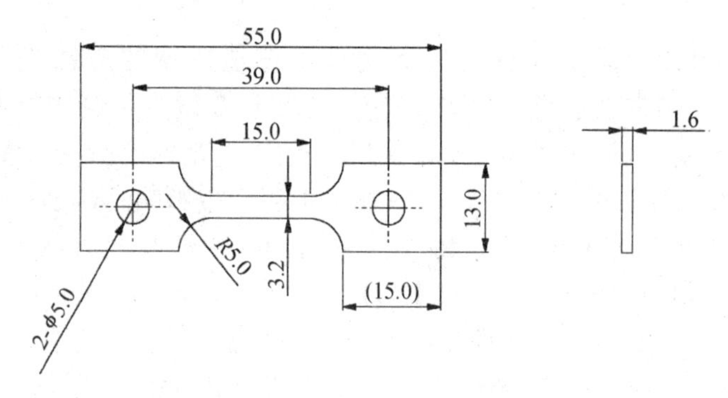

图 4-1　拉伸试样(单位: mm)

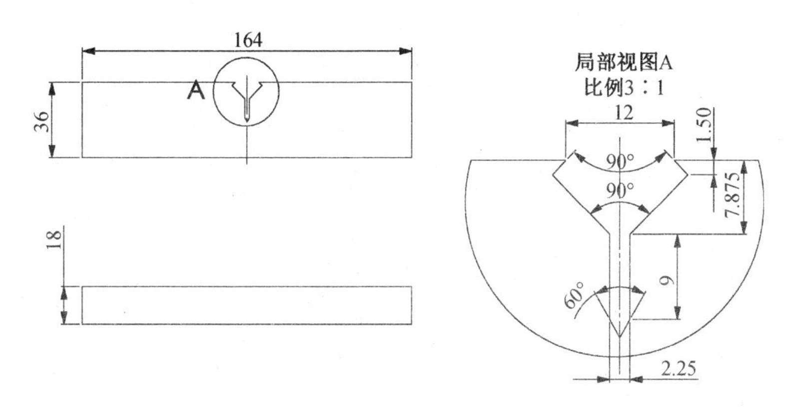

图4-2 断裂韧性测试用三点弯曲试样（单位：mm）

4.2 TMCs室温拉伸试验

4.2.1 室温拉伸性能

图4-3为Ti－64和TMCs室温拉伸应力－应变曲线，其详细数据列于表4-1中。从图中可以发现，B_4C的添加对于TMCs的力学性能如屈服强度$\sigma_{0.2}$、抗拉强度σ_u和弹性模量E的提高具有较好的作用，但也导致TMCs的延伸率下降。与基体Ti－64合金相比，TMC1中$\sigma_{0.2}$和σ_u分别增加了179 MPa和197 MPa，然而延伸率δ由9.18%下降到3.40%。TMC1中强度的提高可以归功于三种不同的强化机制：第一个是由于TiB引起的第二相强化，第二个是由于α集束的细化引起的细晶强化，第三个是由于碳在基体固溶引起的固溶强化。当B_4C添加量从0.48 wt.%升到0.97 wt.%时，TMC2的屈服强度$\sigma_{0.2}$从905 MPa增加到954 MPa，抗拉强度σ_u从982 MPa增加到1 029 MPa，而延伸率δ下降到2.46%。同样TMC2的强度增加也归功于细晶强化、第二相强化和固溶强化三种不同增强机制。但是和TMC1相比，TMC2中含碳量高于碳在钛合金中的极限溶解度，析出TiC颗粒，所以其中一部分碳起固溶强化作用，另一部分由于TiC的析出起第二相强化作用。因此，TMC2中第二相强化为TiB和TiC两相复合强化。

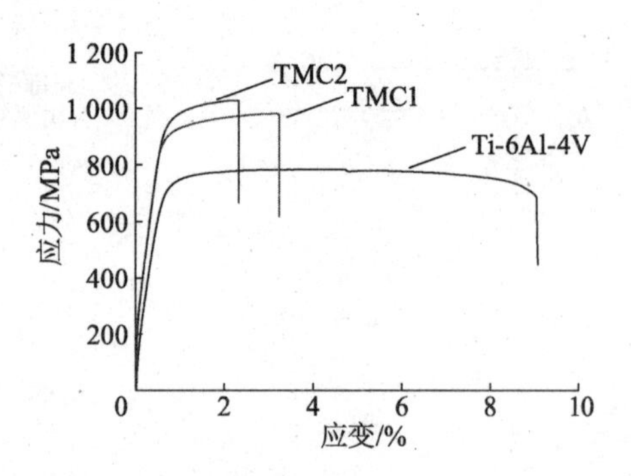

图 4-3 室温 Ti－64 和 TMCs 的应力－应变曲线

表 4-1 Ti－64 和 TMCs 的室温力学性能

材料	$\sigma_{0.2}$/MPa	σ_u/MPa	E/GPa	δ/%	S/($\sigma_{0.2}/\sigma_u$)
Ti－64	726	785	107	9.18	0.925
TMC1	905	982	132	3.40	0.922
TMC2	954	1029	138	2.46	0.927

4.2.2 室温强化机制

对于层片结构的材料来说，由于 α 集束决定了位错滑移的滑移长度，是组织参数中最重要的指标之一[70]。随着 B_4C 的加入，α 集束尺寸急剧下降，从而降低了位错滑移长度，引起了类似于 Hall－Petch 强化效果。由此在屈服强度上引起的强度增加可以用式(4-1)来表示[163, 164]：

$$\Delta\sigma_{HP} = K/\sqrt{\lambda} \tag{4-1}$$

式中，K 是与材料有关的常数，λ 是 α 集束尺寸。

由于碳原子固溶到钛晶格中会引起钛的晶格畸变，增加位错滑移时的摩擦力，从而引起强度的增加，尤其是对于屈服强度[165, 166]。TMCs 中由于碳的固溶引起的屈服强度的增加可以用式(4-2)来表示[165, 167]：

$$\Delta\sigma_s = \frac{1}{\sqrt{3}} m_T \frac{1}{2(1+v)} E_m \, \eta^{\frac{3}{2}} c^{\frac{1}{2}} \tag{4-2}$$

式中，$m_T = 3.06$ 为泰勒因子，v 为泊松比，E_m 为基体的弹性模量，c 是碳的浓度，η 是由于碳原子的固溶引起的晶格参数的变化，可用式(4-3)[165]计算得到：

$$\eta \approx \frac{1}{a}\frac{\Delta a}{\Delta c} \tag{4-3}$$

式中，a 是起始晶格常数，Δa 是由于碳浓度变化引起的晶格常数的变化量，Δc 是碳浓度变化。

对于 TMC2，碳的浓度超过了碳在钛合金中的固溶度[134, 135]，将会析出 TiC 颗粒()[160]，从而引起屈服强度的提高，由于 TiC 引起的强化效果可以用式(4-4)来表示[70]：

$$\Delta\sigma_{TiC} = \sigma_{0.2m}\left[(1+0.5V_{TiC})\left(1+\frac{\sqrt{(\Delta\sigma_{or})^2+(\Delta\sigma_{geo})^2}}{\Delta\sigma_{0.2m}}\right)-1\right] \tag{4-4}$$

式中，$\sigma_{0.2m}$是基体 Ti－64 合金的屈服强度，V_{TiC}是 TiC 颗粒的体积百分含量，$\Delta\sigma_{or}$是 Orowan 效应引起的应力增加，$\Delta\sigma_{geo}$是几何效应引起的基体与增强体之间位错的协调变形造成的应力梯度。由于 TiC 的作用而引起的 Orowan 应力 $\Delta\sigma_{or}$可以表示为[70]

$$\Delta\sigma_{or} = \frac{0.13G_m b\ln\dfrac{d_{TiC}}{2b}}{d_{TiC}[(2V_{TiC})^{-1/3}-1]} \tag{4-5}$$

式中，G_m 是基体 Ti－64 合金的剪切模量，b 是基体上位错的伯格斯矢量，d_{TiC}是 TiC 颗粒的直径。

由于几何效应引起的应力增加 $\Delta\sigma_{geo}$为[70]

$$\Delta\sigma_{geo} = \xi G_m\sqrt{V_{TiC}\varepsilon b/d_{TiC}} \tag{4-6}$$

式中，ξ 是几何参数，大约为 0.4[70]，ε 是基体的应变。

钛合金中硼的固溶度非常低，低于 0.02 wt.%[112]，导致 TMCs 中绝大部分硼都以 TiB 形式析出。TiB 晶须的形状、含量和分布都对基体的强度有较大的作用，其对强度的增量可以表示为[70]

$$\Delta\sigma_{TiB} = \sigma_{0.2m}\,0.5V_{TiB}\frac{l}{d}\omega_0 \tag{4-7}$$

式中，V_{TiB} 是 TiB 的体积百分含量，l/d 是 TiB 的长径比，ω_0 为 TiB 的方向性参数。在 TMCs 的铸造组织中，TiB 是随机分布的，因此 $\omega_0 = 0.27$[70, 168]。

当 TMCs 中几种不同类型的强化作用同时起效果的时候，需要考虑不同强化效果之间的加和协同作用。体系中存在相互影响的强化效果时，通常可以采用 Ramakrishnan 的方法[169]来考虑不同强化效果的协同加和作用：

$$\sigma_y = \sigma_0\left(1 + \frac{\Delta\sigma_{HP}}{\sigma_0}\right)\left(1 + \frac{\Delta\sigma_s}{\sigma_0}\right)\left(1 + \frac{\Delta\sigma_{TiB}}{\sigma_0}\right)\left(1 + \frac{\Delta\sigma_{TiC}}{\sigma_0}\right) \quad (4\text{-}8)$$

结合式(4-1)、式(4-2)、式(4-4)、式(4-7)和式(4-8)，利用对组织特征的统计表(见表 4-2)和计算数据表(见表 4-3)的数据，可求解得出不同 B_4C 添加量的 TMCs 的屈服强度。

表 4-2　Ti－64 和 TMCs 组织参数统计和增强体理论体积分数表

试样	原始 β 晶粒平均尺寸/μm	α 集束平均尺寸 λ/μm	TiB 平均长径比(l/d)	TiC 平均尺寸/μm	体积分数/vol. %	
					TiB	TiC
Ti－64	>1000	96			0	0
TMC1	50～100	14	10.4		1.93	0
TMC2	50～100	13	10.3	1.9	3.96	0.38

表 4-3　计算用参数列表

参数	值	参考文献
E_m/GPa	107	试验值
K/(MPa·μm$^{1/2}$)	328	[170]
η	0.08±0.02	试验值
v	0.27	[149]
b/nm	0.295	[171]
ω_0	0.27	[70, 168]
G_m/GPa	42	试验值

试验和计算结果如图 4-4 所示，其中 L_0 是由试验数据得到的曲

线,而 L_1 是计算结果得到的曲线。结果显示,计算结果与试验数据可以很好地符合,由此表明 TMCs 的屈服强度可以用方程式(4-8)来计算。

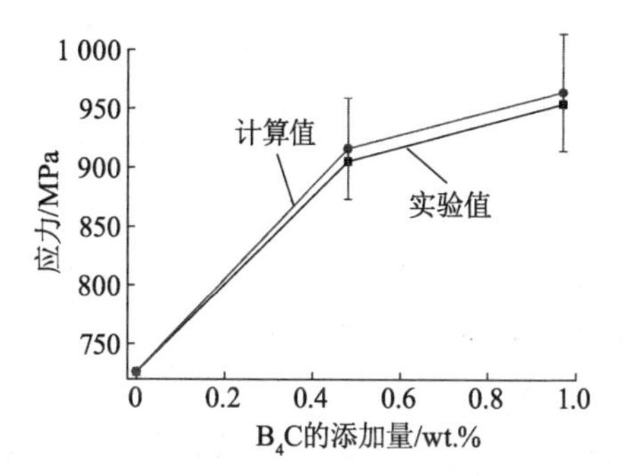

图 4-4　TMCs 屈服强度的试验值和计算值曲线图

$\Delta\sigma_{HP}$,$\Delta\sigma_s$,$\Delta\sigma_{TiC}$和 $\Delta\sigma_{TiB}$的计算结果见表 4-4。由计算结果可以发现,细晶强化引起的强度增量 $\Delta\sigma_{HP}$大约占 TMC1 总强度增量的 30%,占 TMC2 总强度增量的 26%。由固溶引起的强度增量 $\Delta\sigma_s$ 占了 TMCs 强度增加量的一半以上(TMC1 的 59%,TMC2 的 55.5%)。TMC1 中固溶强化引起的屈服强度提高大约是 TiB 造成的强化效果的 5 倍,TMC2 中固溶强化引起的强度提高大约是 TiB 的 3 倍多,是 TiC 引起的增量的 37 倍。细晶强化和固溶强化对 TMCs 强度增值的权重总和可达到 TMC1 中的 89% 和 TMC2 中的 81.5%,由此可以看出细晶强化和固溶强化是 TMCs 室温屈服强度增加的关键因素。

表 4-4　$\Delta\sigma_{HP}$,$\Delta\sigma_s$,$\Delta\sigma_{TiC}$和 $\Delta\sigma_{TiB}$的计算结果

参数	TMC1		TMC2	
	值/MPa	占比 $\Delta\sigma$	值/MPa	占比 $\Delta\sigma$
$\Delta\sigma_{HP}$	53	30%	56	26%
$\Delta\sigma_s$	106	59%	119	55.5%
$\Delta\sigma_{TiC}$	0	0	3.2	1.5%
$\Delta\sigma_{TiB}$	19.5	11%	40	18%

4.2.3 离心力对强度的影响

图4-5是随炉铸件抗拉强度与精密铸造中离心半径的关系曲线。图中的点为试验测得强度值,直线为不同材料不同离心力强度值的拟合直线。由图可以发现,随离心半径的加大,TMCs和Ti-64的抗拉强度都有所提高,其中TMCs的强度随离心半径的加大而提高的幅度更加明显。对于Ti-64合金来说,其强度随离心半径增加的原因主要是由于离心半径的增加可以使铸件组织致密,铸件缺陷减少[172],从而使其力学性能提高[173]。而对于TMCs来说,流动性急剧下降,铸件在凝固过程中比Ti-64合金更容易形成小而分散的微观缩松。提高离心力可以提高其凝固时补缩的能力,减少缩松数量,使铸件组织更加致密,铸造缺陷更少,因此提高离心力对其强度增加更加明显。除此之外,离心力的作用还可能引起TiB晶须沿"随炉铸件"的平面(即垂直离心力方向)分布具有一定的方向性,从而引起强度的增加,这也会使TMCs强度提高的幅度更大。

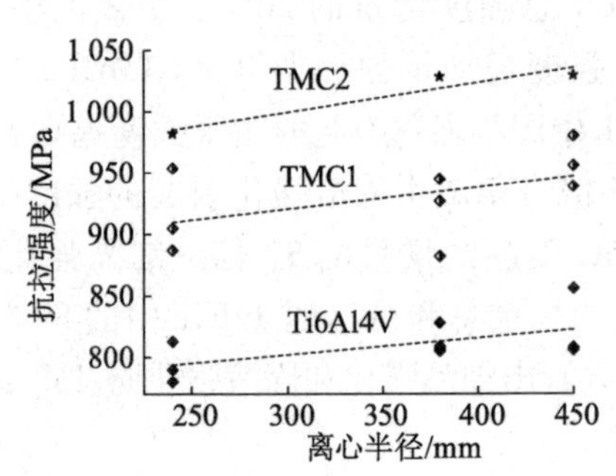

图4-5 抗拉强度-离心半径曲线

4.2.4 室温拉伸断裂机制

图4-6是TMCs和Ti-64室温拉伸试样沿拉伸方向靠近断口处的SEM图。Ti-64合金拉伸时,微孔容易在原始β晶界和α板条间的相界面处形核,如图4-6 a所示。在TMCs中,如图4-6 b,发现断裂首先在TiB处形成,并多沿TiB横向发生,TiB和基体界面并未发现剥离,表明TMCs中TiB与基体界面结合良好,具有较好

的承载作用。此外,微孔容易在断裂的 TiB 与基体之间的界面上形成,由此可以推测 TiB 上的应力集中通过这种方法得以松弛,也避免了裂纹向基体的进一步扩展。

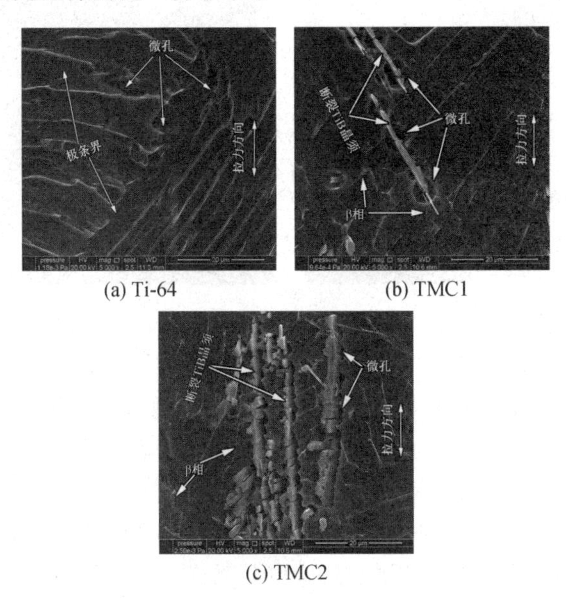

(a) Ti-64　(b) TMC1

(c) TMC2

图 4-6　沿拉伸方向室温拉伸试样靠近断口处的 SEM

Ti－64 合金中,微孔的形成大都可以归功于位错在片层界面或者晶界处的塞积,如图 4-7 a 所示。这些会造成界面或晶界处局部应变和应力集中,从而形成 Ti－64 合金微孔的形核源[128]。TMCs 中,应力可以由基体通过界面传递到 TiB 陶瓷增强相上,应力的分配一般取决于基体和 TiB 的弹性模量的比值[174]。TiB 的模量(E_{TiB} = 371 GPa[148])大约是基体弹性模量(E_{m} = 107 GPa)的 3 倍。对于两相合金材料,“软”相首先会发生塑性变形,因此两相的界面容易产生位错的塞积[175],如图 4-7 b 所示。受外力时,基体作为“软”相比“硬”的 TiB 相更容易释放应力集中,这就使 TiB 晶须更容易在界面处开裂,并迅速扩展到另一边,从而使 TiB 横向断裂。裂纹在扩展到“软”的基体上时引起微孔的形成,并且使集中在晶界处的应力得以释放,从而阻止裂纹的扩展。

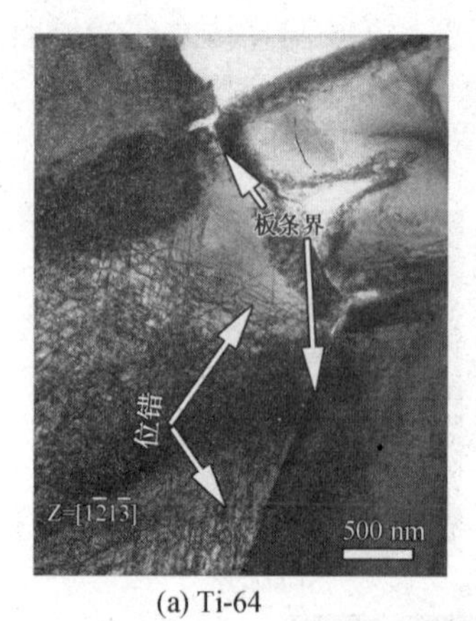

(a) Ti-64

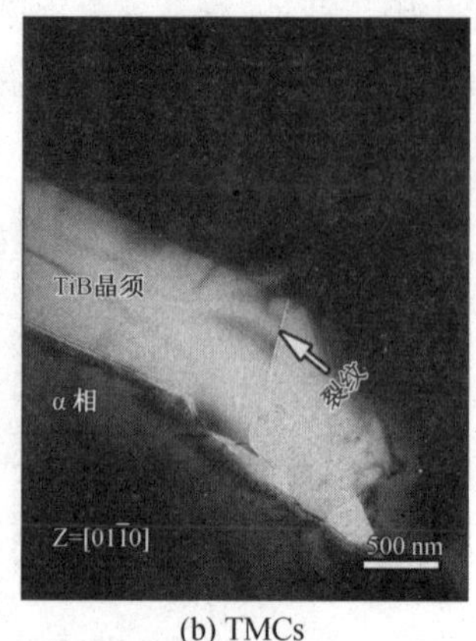

(b) TMCs

图 4-7　室温拉伸后靠近断口处的 TEM 图

室温断口的 SEM 图如图 4-8 所示,其中图 4-8 a 为 Ti－64 的断口形貌,Ti－64 合金的断口为典型的韧窝和解离混合断裂的断口形貌。断口中大量的韧窝与 Ti－64 合金良好的韧性和高的延伸率一致。图 4-8 b、c 分别为精密铸造 TMC1 和 TMC2 试样的断口形貌,断口则是明显的解理断裂,这也与其较差的延伸率一致。由断裂的 TiB 局部放大图(见图 4-8 d)可以看出,在断裂的 TiB 晶须附近分布着很多微孔,这些微孔直到 TMCs 试样断裂都没有扩展长大,微孔缺少扩展长大的现象也是材料脆性的一种表现[176]。TMCs 中由于 TiB 的作用造成微孔无法长大,而众多无法长大的微孔的聚集造成 TMCs 断裂和比较差的延伸率。

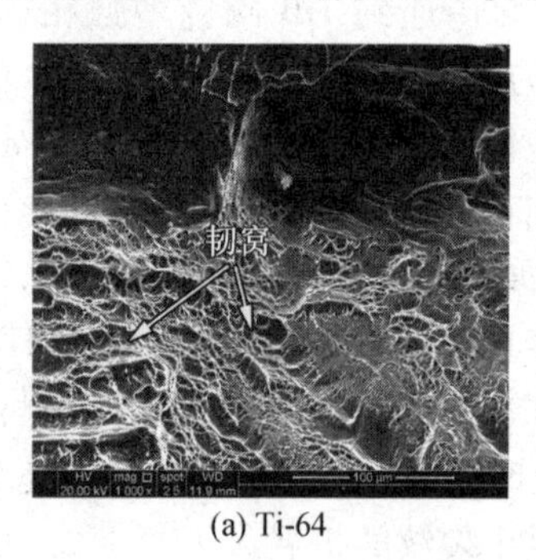

(a) Ti-64

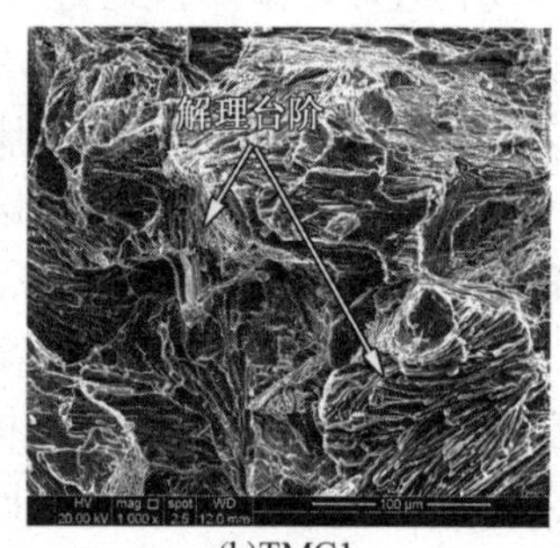

(b)TMC1

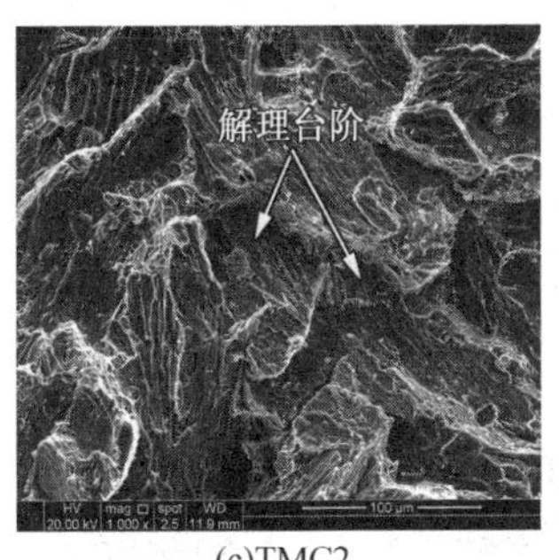

(c)TMC2

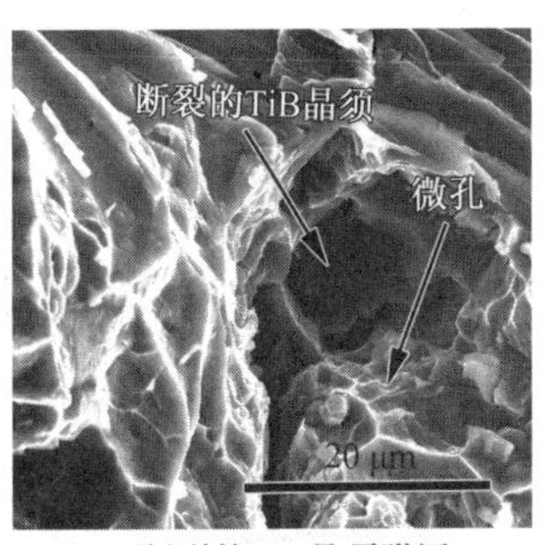

(d) 断裂的TiB晶须附近

图 4-8　室温拉伸断口

图 4-9 a 是 Ti－64 合金的断裂机制示意图,拉伸试验时(见图 4-9 a(Ⅰ)),由于位错在晶界处的塞积引起应力集中,所以拉伸变形引起的微孔首先在晶界处形成(见图 4-9 a(Ⅱ)),继续加载,造成微孔长大,从而引起试样较大的变形直至断裂。变形长大的微孔的汇集造成裂纹的扩展(见图 4-9 a(Ⅲ)),从而引起 Ti－64 断裂。

图 4-9 b 是 TMCs 的断裂机制示意图,TMCs 的断裂机制可以总结如下:当拉力作用在 TMCs 上时(见图 4-9 b(Ⅰ)),TiB 晶须由于模量比基体高,所以承受较大的应力[174]。因此,断裂首先在 TiB 晶须上发生(见图 4-9 b(Ⅱ))。但是,TiB 裂纹进一步的扩展会被“软”的基体相阻止,这使断裂的 TiB 晶须可以继续承载直到再次断裂,因此在针状 TiB 上常常发现多处断裂,如图 4-6 b ~ c 所示。TiB 上的微裂纹还会导致裂纹处与基体之间微孔的形成,如图 4-9 b(Ⅱ)。但是拉伸时,这些微孔由于 TiB 的作用并未长大。进一步增大拉力,会形成更多的微孔,微孔的汇聚造成断裂的发生[176,177],尤其是 TiB 与拉力垂直时(见图 4-9 b(Ⅲ))。由于 TiB 的存在,在 TiB/基体的界面上产生了应力集中,减弱了基体塑性变形的发生,从而使 TMCs 呈现脆性断裂的特点。

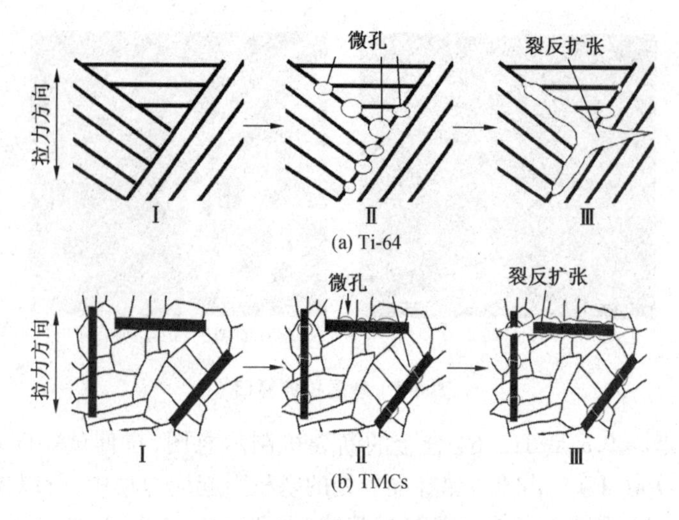

图 4-9　断裂机制示意图

综上所述,Ti－64 和 TMCs 的断裂都是通过微孔汇集造成的,但是两类材料中微孔的形成和长大方式的不同造成两类材料塑性的不同。在 Ti－64 中,微孔大多分布在晶界和相界处,微孔在汇集前会发生较大的塑性变形而长大,从而使 Ti－64 具有较高的延伸率。然而在 TMCs 中,位错主要塞积在 TiB 晶须与基体的界面上,在 TiB 上首先形成微裂纹,微裂纹的扩展会受到基体的阻碍,并在界面处形成微孔,同时也使 TiB 晶须可以继续起到承载作用,直到 TiB 进一步断裂,从而导致一根 TiB 晶须上常常出现几处裂纹。TMCs 拉伸时,裂纹通过未长大的微孔的汇集而扩展,导致 TMCs 的塑性较差。

4.3　TMCs 室温断裂韧性试验

图 4-10 为 Ti－64 和 TMCs 的断裂韧性测试后断口部位的宏观照片。其中图 4-10 a 与 4-10 b 分别为 Ti－64 的断裂韧性试样断口处正面与横截面宏观照片。由图 4-10 a 可以看出,Ti－64 断裂时,裂缝生长的路径非常曲折,可以在试样处观察到明显的塑

性变形。断口横截面(见图 4-10 b)的高低起伏非常大,说明裂纹的扩展需要做的功较大。TMCs 的断裂韧性试样宏观断口形貌如图 4-10 c ~ f,由图可以发现,TMCs 的裂纹相对 Ti - 64 平滑了许多,而断面横截面高低起伏也较小,断面处未发现明显的塑性变形。

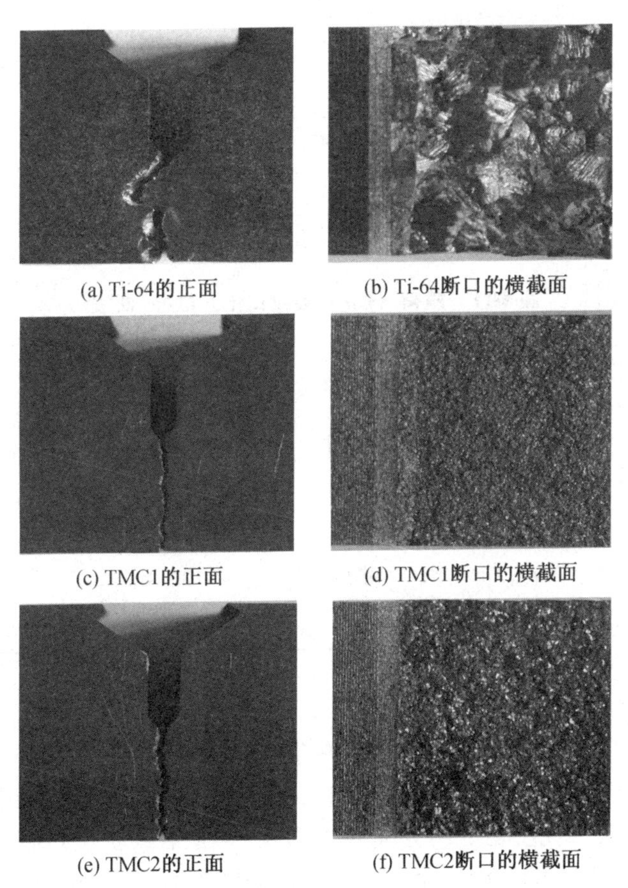

(a) Ti-64的正面　(b) Ti-64断口的横截面

(c) TMC1的正面　(d) TMC1断口的横截面

(e) TMC2的正面　(f) TMC2断口的横截面

图 4-10　断裂韧性测试后材料断口宏观形貌

断裂韧性测试结果如图 4-11 所示。与基体 Ti - 64 合金相比,TMCs 的裂纹张开位移都要小得多,并且相应受力也较小,说明 TMCs 在较小的力作用的情况下未出现明显的塑性变形就发生了断裂。断裂韧性 K_{IC} 计算由测试系统依据 GB/T 21143－2007 进行计算并判断,断裂韧性 K_{IC} 计算中所需的力学性能值由前面室温拉伸试验确定,计算结果如表 4-5 所示。

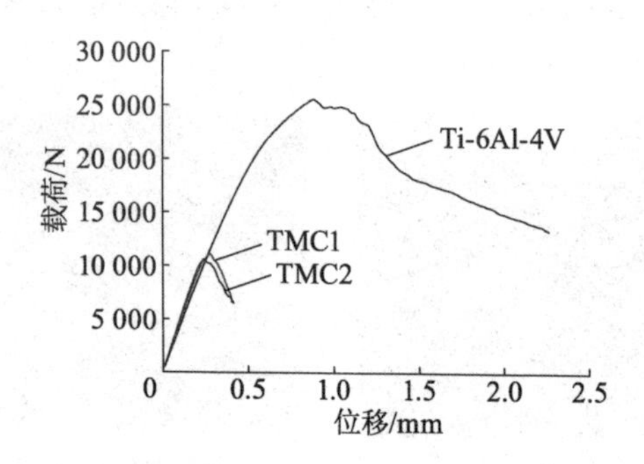

图 4-11　载荷－位移(裂纹口张开位移)曲线

表 4-5　合金及复合材料的拉伸性能及断裂韧性

材料	屈服强度/MPa	断裂强度/MPa	强性模量/GPa	K_{IC}/(MPa · $m^{1/2}$)
Ti－64	726	785	107	85. 7*
TMC1	905	982	132	41. 2
TMC2	954	1029	138	39. 7

注: * 为 KQ 值。

不同 B_4C 添加量的 TMCs 断裂韧性如图 4-12 所示。由图可知,随着 B_4C 的加入,TMCs 的断裂韧性先急剧下降,然后平缓降低。断裂韧性主要受两方面因素影响:一是裂纹扩展过程中产生的弹性表面能,另一个是由于裂纹扩展而产生的塑性应变功[178, 179]。在 Ti－64 合金中,由于裂纹扩展时在裂纹前沿和裂纹周围产生了较大的塑性变形(见图 4-10 a),塑性应变功对材料的断裂韧性起到了主要的影响,使其具有较高的断裂韧性。而往基体 Ti－64 合金中添加 B_4C 生成了 TiC 和 TiB 增强的 TMCs,一方面，材料的强度大大提高；另一方面，塑性急剧下降，导致断裂时塑性变形功降低，从而使断裂韧性急剧下降。

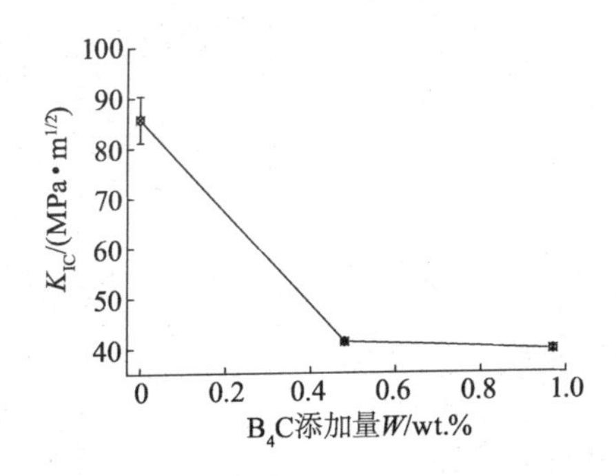

图 4-12　钛基复合材料的断裂韧性随 B_4C 质量分数变化关系

为了进一步分析材料的断裂机理，观察 3 种材料的断口 SEM 形貌，图 4-13 为 Ti－64 和 TMCs 断裂韧性测试后材料断口形貌。由图 4-13 a 可发现，Ti－64 断裂时，其裂纹主要沿着晶界和相界扩展。由于 Ti－64 合金中具有众多的不同位向的 α 集束，在裂纹扩展时难以避免要横穿一些不同位向的集束，从而造成该位向集束的变形和断裂，这就增加了裂纹扩展的难度。从其相应的断口横截面(见图 4-13 b)可以看出一些典型的沿晶断裂的特点。除此之外，还有大量的韧窝和韧性辉纹，而这些都代表 Ti－64 合金在试验时裂纹的扩展前沿发生了显著的塑性变形，裂纹扩展需要克服大量的塑性变形功，因此其断裂韧性较高。而由图 4-13 c 和图 4-13 e 可以看出，TMCs 的裂纹扩展主要沿着晶界上的增强相扩展，因此造成其相应的断口横截面出现典型的沿晶断裂特点，除此之外，还有大量的解离台阶(见图 4-13 d 和图 4-13 f)。这些都表明材料的断裂为典型的脆性断裂，裂纹扩展时裂纹前沿没有塑性变形，TMCs 对于裂纹扩展的阻力仅仅来源于材料的弹性表面能，从而使其断裂韧性较低。

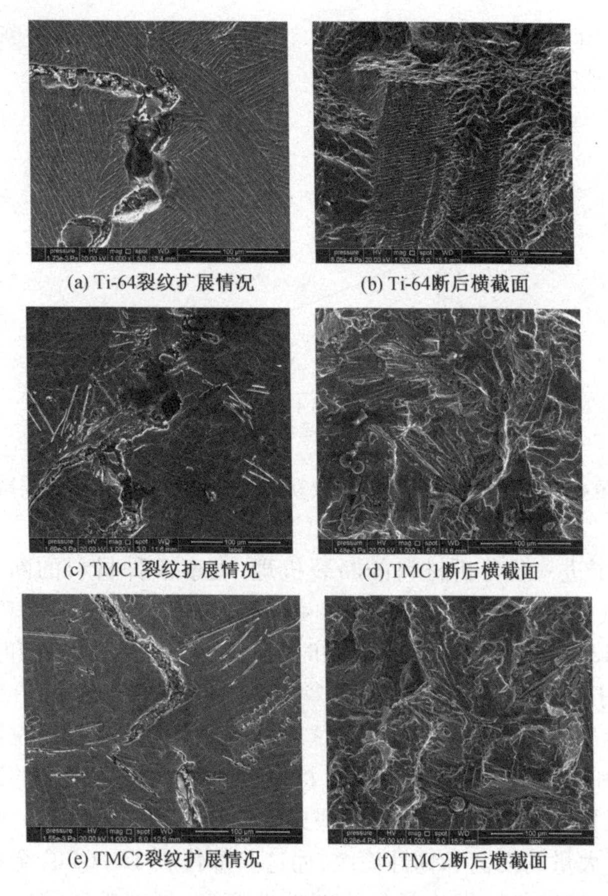

(a) Ti-64裂纹扩展情况　(b) Ti-64断后横截面

(c) TMC1裂纹扩展情况　(d) TMC1断后横截面

(e) TMC2裂纹扩展情况　(f) TMC2断后横截面

图 4-13　Ti－64 和 TMCs 断裂韧性测试后材料断口形貌

4.4　TMCs 高温力学性能

Ti－64 和 TMCs 在不同温度下的断裂强度（σ_u）如图 4-14 所示。其中 L_0，L_1 和 L_2 分别是 Ti－64，TMC1 和 TMC2 的高温拉伸试验数据。L_3 和 L_4 分别是 TMC1 和 Ti－64，TMC2 和 Ti－64 在不同温度下的强度差 $\Delta\sigma_{TMC1-M}$，$\Delta\sigma_{TMC2-M}$。可以发现，Ti－64 和 TMCs 的强度都随着温度的升高而降低，并且随着温度的变化，强度明显

分为3个不同的阶段。第一阶段,3种材料的 σ_u 都随着温度的升高迅速降低,下降的趋势相似,由其相应的TMCs与基体合金的强度差($\Delta\sigma_{TMCs-M}$)的变化可以看出,TMCs与基体合金的差值随温度上升略有提高。在第二阶段, σ_u 随温度升高下降趋势变缓,TMCs的强度曲线上出现了拐点,而Ti-64合金曲线上未出现拐点,在此阶段可以发现复合材料和基体的强度差 $\Delta\sigma_{TMCs-M}$ 先增大后下降,曲线 L_3 和 L_4 上出现了极大值。随着温度继续上升,在第三阶段,强度下降的趋势又变快了,强度差 $\Delta\sigma_{TMCs-M}$ 也开始减小。

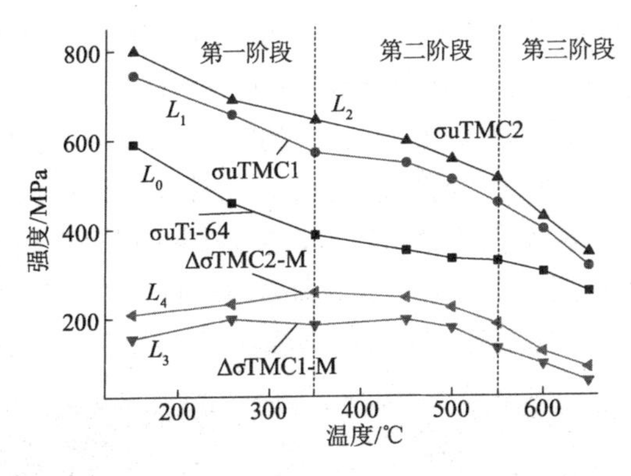

图4-14 强度-温度曲线

当温度比较低的时候,TMCs与基体合金的强度差 $\Delta\sigma_{TMCs-M}$ 反而随温度上升而上升(如图4-14中 L_3 和 L_4 所示)。根据前面的研究,强度差 $\Delta\sigma_{TMCs-M}$ 是由第二相强化、细晶强化和固溶强化的联合作用引起的。当钛基复合材料受力时,内应力会由基体通过界面传到增强体上,而基体和增强体的弹性模量决定了应力分配的比例。TiB的弹性模量是基体弹性模量的3倍,因此,受力时会在TiB增强相附近发生应力集中。TiB晶须具有非常高的熔点,在低温度区域温度对 E_{TiB} 的影响较小,基体合金的弹性模量 E_m 对温度比TiB敏感,这就导致在低温度区域,随温度升高,由于增强体的存在,TMCs的强度比Ti-64合金下降缓慢,从而造成强度差 $\Delta\sigma_{TMCs-M}$ 随温度上升而提高。细晶强化和固溶强化引起的强化效果都会随着温度降低而下降,当温度升高到某临界温度值时,细晶强化和固溶强化将会急剧下降，从而造成 $\Delta\sigma_{TMCs-M}$ 减小。然而即使温度继续升高，TMCs 的强度仍然明显高于基体合金，结合前面的计算可以发现，$\Delta\sigma_{TMCs-M}$ 在第三阶段不断下降，并且越来越趋近于 TiC 和 TiB 的第二相强化引起的强度增加，所以在高温区域复合材料中 TiB 和 TiC 引起的第二相强化效果起到了重要的作用。

Ti－64 和 TMCs 在 600 ℃高温下拉伸试验的断口形貌如图 4-15 所示，与室温拉伸断口（见图 4-8）基本相似。Ti－64 合金的断口仍是韧窝和解理混合断口（见图 4-15 a），其中韧窝的数量和大小都比室温断口（见图 4-8 a）有所增加，与 Ti－64 延伸率随温度提高而增加的特点相一致。TMCs 试样的高温断口（见图 4-15 b～c）仍然由大量解理台阶和少量韧窝组成，但与其相应的室温拉伸断口形貌相比，其中韧窝数量明显增多，也与其高温延伸率的提高相对应。结合 TMCs 断口附近的 SEM（见图 4-15 d），可以发现同一根 TiB 晶须出现了多处断裂，未观察到 TiB 与基体发生剥离，表明 600 ℃高温拉伸时，TiB 仍可以较好地承载，并对 TMCs 的高温强度的提高具有重要的作用。

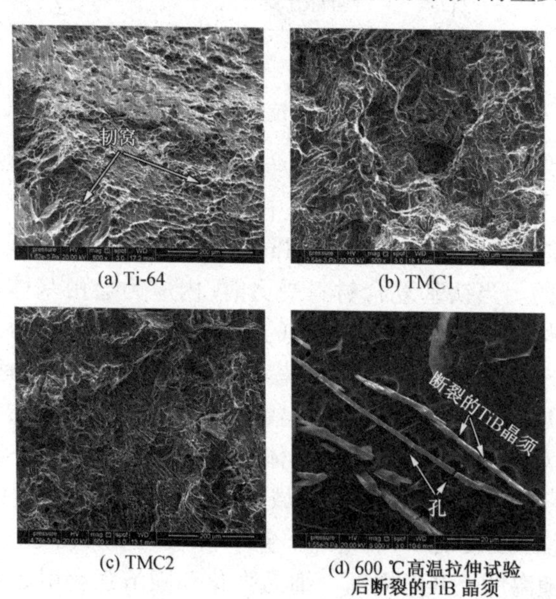

(a) Ti-64　(b) TMC1

(c) TMC2　(d) 600 ℃高温拉伸试验后断裂的TiB 晶须

图 4-15　600 ℃高温拉伸断口形貌

4.5 本章小结

(1) 随着 B_4C 的加入,增强相 TiB 和 TiC 生成、基体的组织明显细化、部分 B 和 C 溶入基体中引起晶格畸变,从而在 TMCs 中引起了3种不同的强化机制:第二相强化、细晶强化和固溶强化。TMC1 中 $\sigma_{0.2}$和 σ_u 分别增加了 179 MPa 和 197 MPa,然而延伸率 δ 由 9.18% 下降到 3.4%。当 B_4C 添加量从 0.48 wt.% 上升到 0.97 wt.% 时,屈服强度 $\sigma_{0.2}$ 从 905 MPa 增加到 954 MPa,断裂强度 σ_u 从 982 MPa 增加到 1 029 MPa,延伸率 δ 下降到 2.46%。不同离心半径随炉铸件力学性能分析发现,随着精密铸件离心半径的增加,其强度上升。这主要是由于离心力有助于凝固过程的补缩,减少铸造缺陷的数量,从而使力学性能上升,且 TMCs 流动性差,所以强度增加效果更明显。

(2) 通过分析晶粒尺寸、晶格参数变化和增强体形貌特点,结合细晶强化、固溶强化和第二相强化等多元强化机制模型,并考虑增强效果之间的协同加和作用,计算分析了 TMCs 的室温屈服强度,模型计算结果与试验结果相符。研究还发现,TMC1 中细晶强化 $\Delta\sigma_{HP}$为 53 MPa,占 TMC1 中强度增量的 30%;固溶强化 $\Delta\sigma_s$ 为 106 MPa,占 TMC1 强度增量的 59%;$\Delta\sigma_{TiB}$为 19.5 MPa,仅为强度增量的 11%。TMC2 中,$\Delta\sigma_{HP}$为 56 MPa,占强度增量的 26%;$\Delta\sigma_s$ 为 119 MPa,占 55.5%;$\Delta\sigma_{TiB}$为 40 MPa,占 18%;$\Delta\sigma_{TiC}$为3.2 MPa,占 1.5%。其中细晶强化和固溶强化对 TMCs 强度增值的权重总和达到 TMC1 中的 89%,TMC2 中的 81.5%,TMCs 室温的屈服强度的增加主要取决于细晶强化和固溶强化。

(3) Ti-64 和 TMCs 断裂都是通过微孔汇集造成的。在 Ti-64 中,微孔大多分布在晶界和相界处,微孔在汇集前会发生较大的塑性变形而长大,从而使 Ti-64 具有较高的延伸率。然而在 TMCs 中,位错主要塞积在 TiB 晶须与基体的界面上,在 TiB 上首先形成微裂纹,微裂纹的扩展会受到基体的阻碍,并在界面处形成微孔,同时也使 TiB 晶须可以继续起到承载作用,直到 TiB 进一步断裂,从而导致一根 TiB 晶须上常常出现几处裂纹。TMCs 拉伸时,裂纹通过未长大的微孔的汇集而扩展,导致 TMCs 的塑性较差。

(4) 随着 B_4C 的加入,引起 TMCs 的断裂韧性的急剧下降,K_{IC}从 85.7 MPa · $m^{1/2}$分别降低到 41.2 MPa · $m^{1/2}$(TMC1)和 39.7 MPa · $m^{1/2}$(TMC2)。Ti-64 断裂时,其裂纹主要沿着晶界和相界扩展,但同时造成不同位向上 α 集束的变形和断裂,增加了裂纹扩展的难度,从而使断裂韧性比较高。TMCs 的裂纹扩展主要沿着晶界上的增强相扩展,因此造成其相应的断口横截面出现典型的沿晶断裂和解离断裂特点,裂纹扩展时裂纹前沿未发生明显的塑性变形,从而使其断裂韧性较低。

(5) Ti-64 和 TMCs 的强度都是随着温度的升高而降低,但强度的变化分为 3 个阶段。低温度区域,随温度升高 TMCs 由于增强体的存在其强度比 Ti-64 合金下降缓慢,从而造成强度差 $\Delta\sigma_{TMCs-M}$随着温度上升而提高。当温度升高到某临界温度值时,细晶强化和固溶强化将会急剧下降,从而造成 $\Delta\sigma_{TMCs-M}$减小,温度继续升高,$\Delta\sigma_{TMCs-M}$越来越趋近于 TiC 和 TiB 的第二相强化引起的强度增加,在高温区域 TMCs 中 TiB 和 TiC 引起的第二相强化效果起到了重要的作用。

第 5 章 热处理对铸造 TMCs 组织和性能的影响

目前 TMCs 的成型方式主要有粉末冶金成型、塑性成型和精密铸造成型等。粉末冶金成型可以获得均匀细小的组织，并能够控制复合材料中增强体的大小、种类及分布，但是工序复杂，难以避免孔隙的存在，材料的强度比相应的铸、锻件要低，工件的形状和尺寸也有一定的限制。铸造成型后 TMCs 铸件晶粒粗大，力学性能常常达不到满意的程度，使其应用受到较大的限制。本章利用熔铸法制备原位自生(TiB + TiC)/Ti - 6Al - 4V 复合材料，通过不同热处理及相变控制对原位自生 TMCs 的组织和性能进行系统的研究，解析 TMCs 中组织的转变规律，进而掌握原位自生 TMCs 组织的控制等关键技术，以期达到 TMCs 的性能控制，对于 TMCs 的实际应用具有重大的意义。

5.1 试验材料和试验内容

本章试验所用材料为 5 vol. % (TiC + TiB)/Ti - 6Al - 4V，其中 TiB 和 TiC 的摩尔含量比值为 4 : 1。

试验内容如下。

1. 不同温度淬火

铸态 5 vol. % (TiC + TiB)/Ti - 6Al - 4V 试样分别在 940 ~ 1 200 ℃之间每隔 20 ℃设一个温度点，保温 30 min，取出后直接水冷到室温，然后冷风吹干保存，以待后续观察测试。

2. 不同温度回火

将淬火后试样分别进行不同的温度回火热处理，温度分别为：

400,500,600,700,800,900 ℃(具体处理工艺如表5-1所示),保温时间为20 min,取出后水冷。完全水冷到室温后再将试样用冷风吹干后分别保存,以待观察测试。

表5-1　不同温度回火处理工艺

温度/℃	冷却方式	时间/min
400	水冷	20
500	水冷	20
600	水冷	20
700	水冷	20
800	水冷	20
900	水冷	20

3. 不同温度盐浴

铸态5 vol.%(TiC+TiB)/Ti-6Al-4V试样放入1 080 ℃的炉中保温20 min,取出后立即放入指定温度的盐浴炉中,保温1 h,进行盐浴处理,然后取出在空气中进行冷却。不同温度对应的盐浴炉成分如表5-2所示。

表5-2　熔盐成分

盐浴成分	质量分数/%	熔点/℃	工作温度范围/℃
KNO_3	100	337	350~600
$BaCl_2$	50	600	650~900
NaCl	50		

盐浴加热温度分别为400,500,700,800,900 ℃。具体工艺如表5-3所示。

表5-3　盐浴处理工艺

温度/℃	保温时间/h	冷却方式
400	1	空冷
500	1	空冷
700	1	空冷

续表

温度/℃	保温时间/h	冷却方式
800	1	空冷
900	1	空冷

5.2　淬火温度对组织的影响

5.2.1　金相组织分析

图 5-1 为原始 TMCs 经不同温度淬火后的组织形貌。

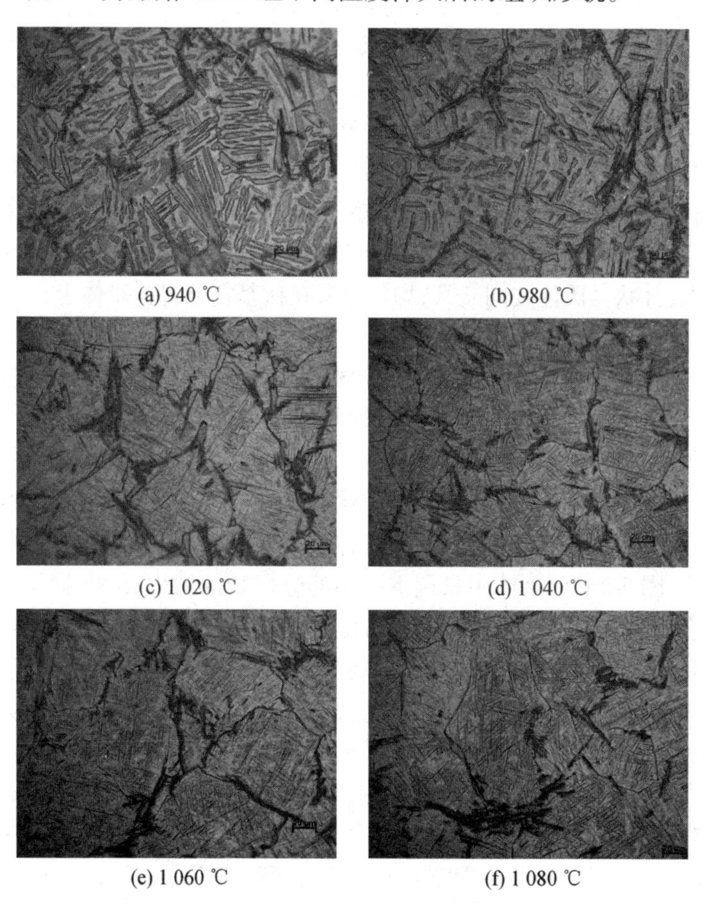

(a) 940 ℃　(b) 980 ℃

(c) 1 020 ℃　(d) 1 040 ℃

(e) 1 060 ℃　(f) 1 080 ℃

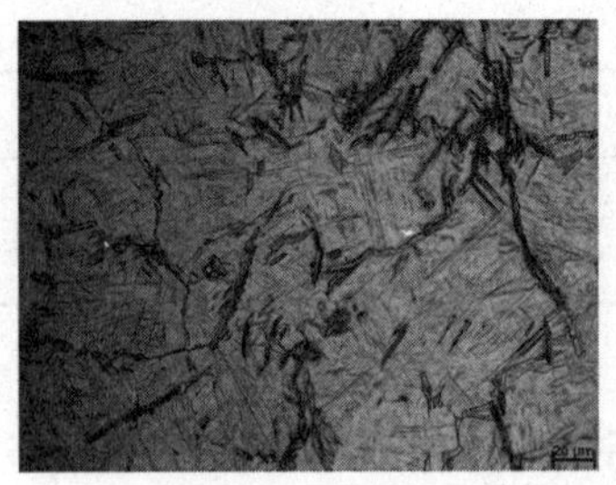

(g) 1 120 ℃

图 5-1　经不同温度淬火后原始 TMCs 的组织形貌

从图 5-1 a ~ c 可以看出,随着淬火温度从 940 ℃升至 980 ℃再升至 1 020 ℃,组织发生了较明显的变化,板条状组织逐渐减少,针状组织逐渐增多。如图 5-1 d 所示,在温度 1 040 ℃下淬火时,观察组织可以发现板条状组织完全消失,全部转化为针状组织。图 5-1 e中,在温度 1 060 ℃下淬火后,组织与在温度 1 040 ℃下淬火没有明显差异,可发现大片的长短不一的针状组织与互相交错的增强体。图 5-1 f ~ g 中,淬火温度从 1 080 ℃升高到 1 120 ℃,组织变化不大,针状马氏体之间交叉,均匀分布在钛基复合材料基体上。

5. 2. 2　SEM 分析

图 5-2 a 是在温度 940 ℃下淬火后的形貌,其中以颗粒形式存在的是 TiC 增强体,另一种白色长针状的是 TiB 增强体。其余的大量板条状形貌初生 α - Ti 相。图 5-2 b 是在温度 980 ℃下淬火后的组织,与在温度 940 ℃下淬火后的组织相比,板条状的初生 α 相长度、宽度、密度都出现了下降,而且基体中出现针状马氏体。与图 5-2 b 相比,图 5-2 c 的基体中只剩下一小部分块状的初生 α 相,针状马氏体进一步增多。这种转变说明,随着淬火温度的升高,初生 α 相逐渐转变为针状马氏体。图 5-2 d 中是在温度 1 040 ℃下淬火后的组织,与图 5-2 a ~ c 中相比,基体中块状 α 初生相全部消失,基体组织只由针状马氏体组成,此外还有在原始晶界分布的长条状 TiB。随着淬火温度的进一步升高,与图 5-2 d 相比,图 5-2 e ~ f 中组织形貌没有出现明显变化,组织形貌全部为针状马氏体。结合前期的 DSC 结果,TMCs 的升温转变并非固定在某一温度,而是存在一个温度区间,此

处观察到的现象也验证了这一试验结果。根据不同温度淬火可以知道，由于 TC4 的相变点在 980 ℃附近，而 TMCs 相变结束点在 1 035 ℃，因此在 980 ℃以下淬火时只会引起 α - Ti 板条的粗化，形成粗大的板条 α - Ti。当温度达到 TC4 基体相变点以上后会有部分基体组织发生马氏体转变，从而形成针状马氏体组织。进一步提高淬火温度，更多的基体组织会发生马氏体相变，形成针状马氏体。当淬火温度超过 TMCs 相变点后（如 1 040 ℃淬火）基体原始初生相将全部发生马氏体转变，即初生 α - Ti 完全转化为针状马氏体。超过相变点后，进一步提高淬火温度，马氏体的形貌未发现明显的变化。

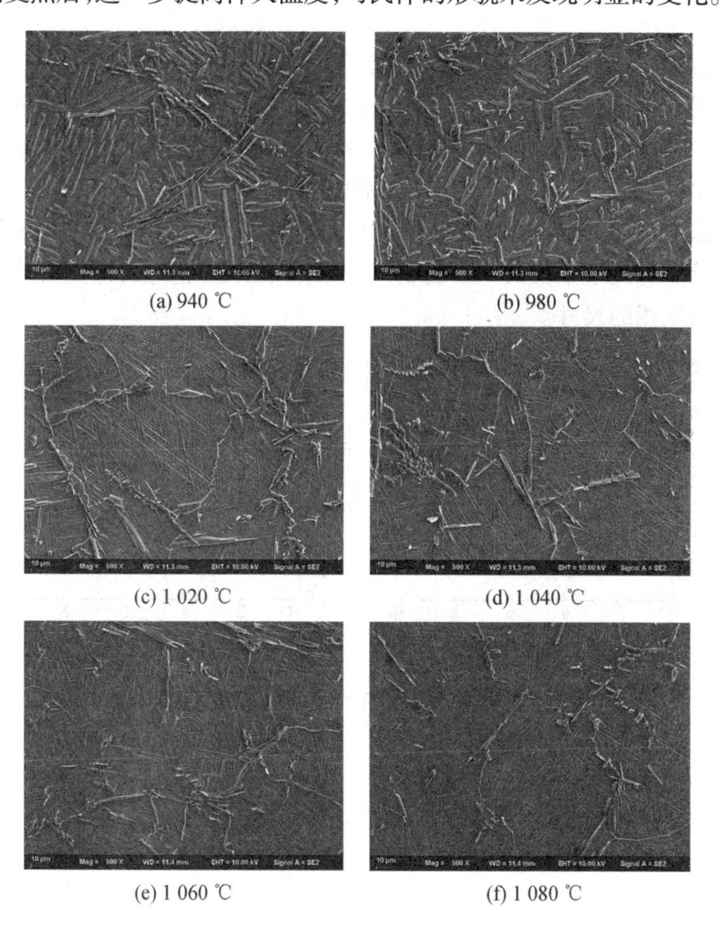

(a) 940 ℃　(b) 980 ℃

(c) 1 020 ℃　(d) 1 040 ℃

(e) 1 060 ℃　(f) 1 080 ℃

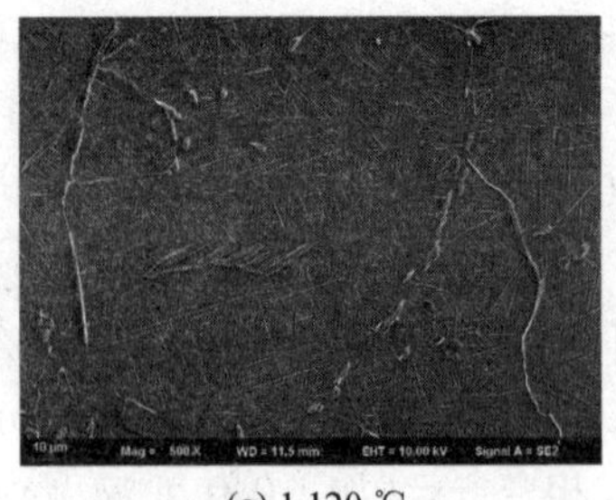

(g) 1 120 ℃

图 5-2　经不同温度淬火后的 SEM 形貌

根据图 5-3 统计，在 940 ℃下初生 α 相长度为 20 ~ 40 μm、宽度为 2 ~5 μm，其中有部分 α 相较长，统计长度平均值为 27. 1 μm，宽度为 3. 5 μm；而在 980 ℃下长度下降到 10 ~25 μm，宽度下降到 1. 5 ~2. 5 μm，统计长度平均值为 16. 1 μm，宽度平均值为 1. 9 μm。由此可见，当达到基体合金 TC4 的相变温度后，初生 α 相长度、宽度都出现了下降。而 1 020 ℃和更高淬火温度的试样中初生 α 相数量太少甚至消失，针状马氏体占据组织的绝大多数，因此并未统计初生相的尺寸。

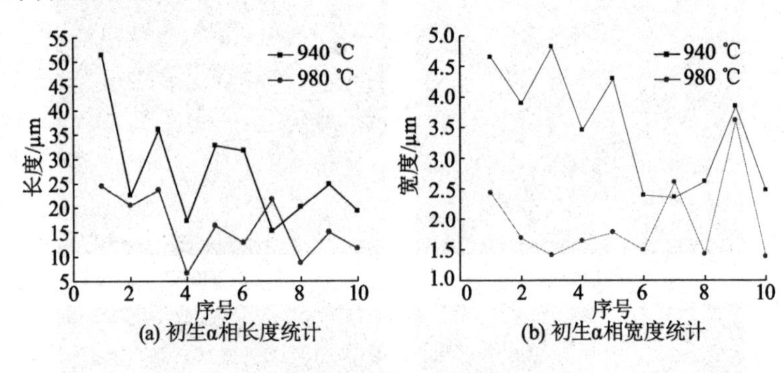

图 5-3　不同温度下初生相的尺寸统计

5. 2. 3　TEM 分析

图 5-4 为不同温度下淬火组织的 TEM 图像。

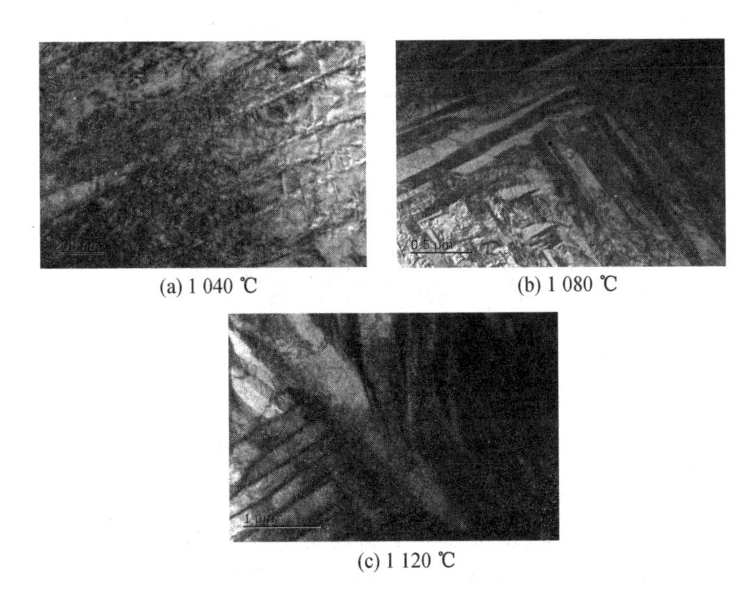
(a) 1 040 ℃ (b) 1 080 ℃
(c) 1 120 ℃

图5-4 不同温度下淬火组织的TEM图像

由图5-4 a观察可知,1 040 ℃淬火后的TEM图像中的马氏体群中,针状马氏体条的宽度约为200 nm。而图5-4 b中,1 080 ℃淬火后的组织中有针状的马氏体交错生长,针状马氏体的宽度为100~300 nm。图5-4 c中,在1 120 ℃淬火后的组织中,可以发现条状的马氏体板条宽度为100~400 nm,针状马氏体相互交错形成。由此可见,当淬火温度超过TMCs相变点后,针状马氏体无论是形貌还是宽度均未出现明显的变化,但是针状马氏体条的长度和交叉形成分布都出现了不同的变化,这对于材料的力学性能会有不同的影响。

5.2.4 拉伸试验分析

图5-5所示为1 040 ℃、1 080 ℃、1 120 ℃淬火后试样的应力-应变曲线。随着淬火温度的升高,TMCs的延伸率急剧下降,而强度变化不明显。不同温度淬火的TMCs试样的抗拉强度、屈服强度和延伸率随温度变化趋势如图5-6和图5-7所示。

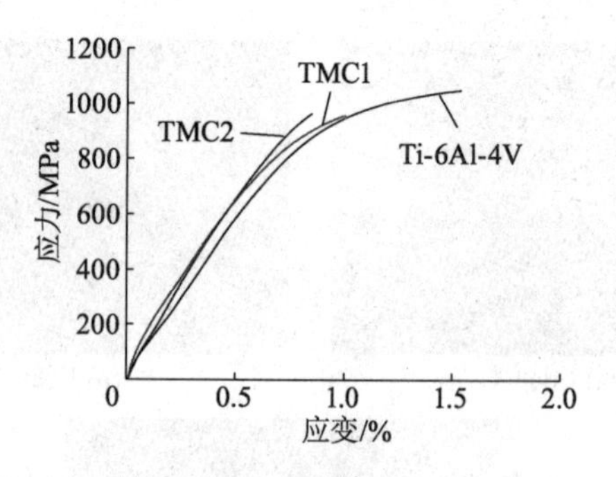

图 5-5　不同温度淬火后试样的应力－应变曲线

图 5-6 是 5 vol. %(TiC + TiB)/Ti－6Al－4V 钛基复合材料淬火后抗拉强度 R_m 和屈服强度 $R_{p0.2}$ 的变化图。随着淬火加热温度的升高,其抗拉强度和屈服强度逐渐降低。在 1 040 ℃淬火后组织中的初生 α 相消失,基体组织全部转变为细针状马氏体,其抗拉强度和屈服强度与铸态相比都有一定程度的提升。随着淬火温度的升高,长的平行分布的针状马氏体逐渐减少,而大量短粗的交叉分布针状马氏体组织增加,TMCs 的抗拉强度都出现了明显的下降,甚至低于铸态的抗拉强度和屈服强度。

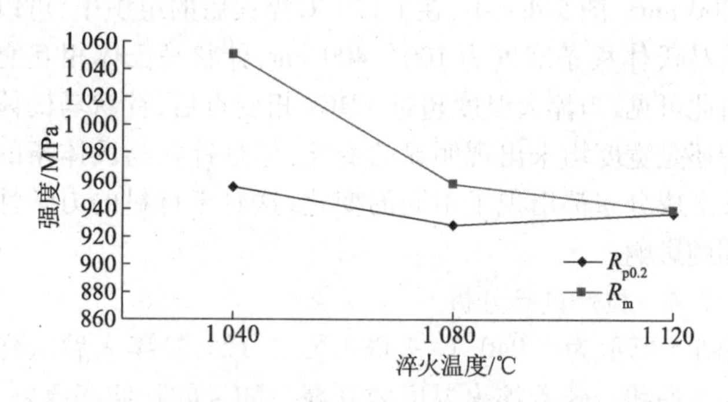

图 5-6　屈服强度及抗拉强度与淬火温度的变化曲线

图 5-7 是 5 vol. %(TiC + TiB)/Ti－6Al－4V 钛基复合材料淬火后延伸率的变化图。淬火后的试样的延伸率都很低,均小于铸

态的 2. 46% ,并且随着淬火温度的升高,延伸率先急剧下降,后缓慢降低。延伸率的变化主要与 TMCs 淬火后的马氏体形态分布有很大关系,相对来说长而平行的针状马氏体更利于位错的移动,而相互交叉分布的针状组织对于位错的移动具有较大的阻碍,并且相互交叉针状马氏体在形成的时候会相互作用,有可能引起针状马氏体板条之间存在较大的内应力甚至会产生一些微裂纹,因此不但造成高温淬火的强度下降,同时延伸率也出现了下降的现象。

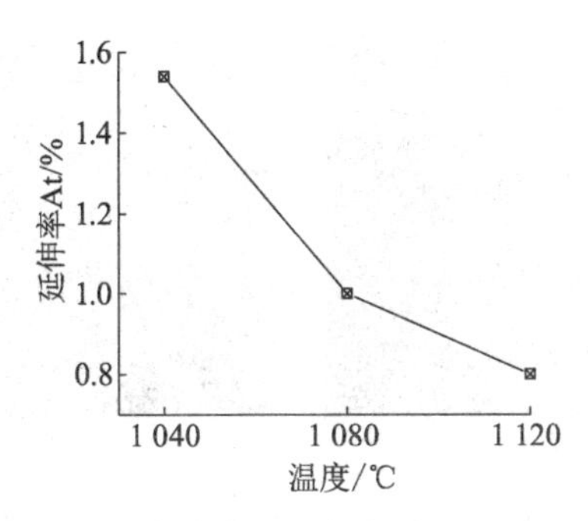

图 5-7　延伸率与淬火温度的变化曲线

5. 3　回火温度对 TMCs 组织形貌和性能的影响

5. 3. 1　回火温度对 TMCs 组织形貌的影响

图 5-8 是 TMCs 经 1 080 ℃ 淬火,再经 20 min 回火后的组织形貌。

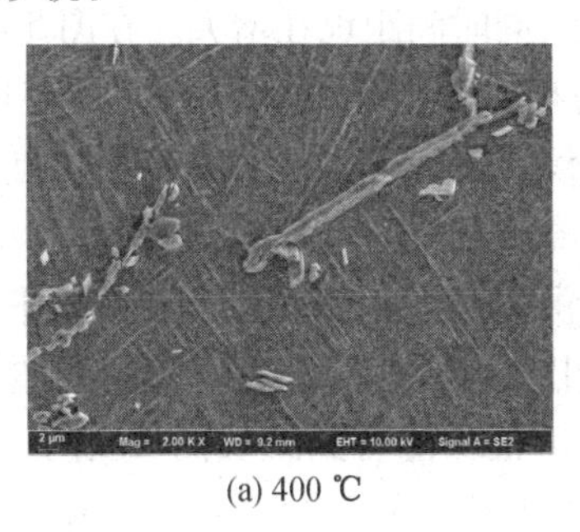

(a) 400 ℃

(b) 500 ℃

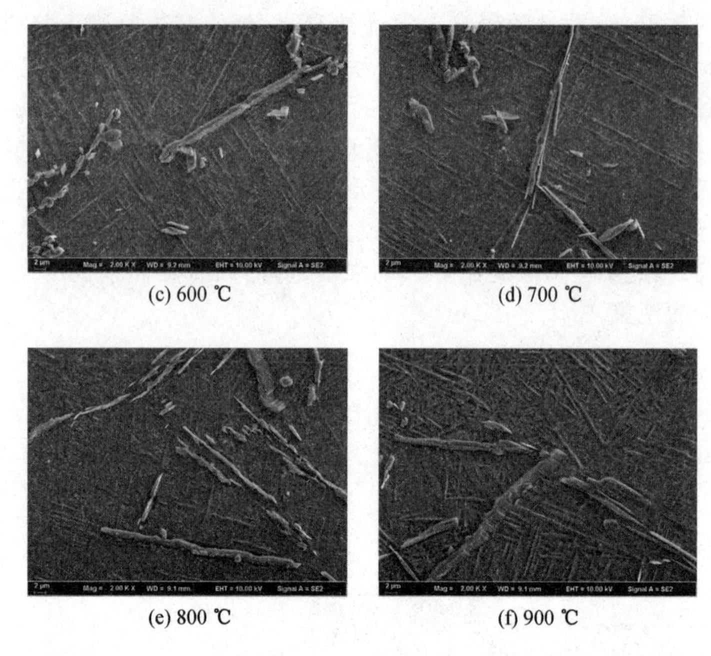

(c) 600 ℃　　(d) 700 ℃

(e) 800 ℃　　(f) 900 ℃

图 5-8　TMCs 经 1 080 ℃淬火,再经 20 min 回火后的组织形貌

由图 5-8 a 和图 5-8 b 可以发现,钛基复合材料经 1 080 ℃淬火后,再在 500 ℃以下回火时,其组织与淬火后的组织变化未发现明显区别,基体组织仍然由大量针状组织构成。但是,与图 5-8 a 相比,图 5-8 b 针状的 α 相较 400 ℃回火时明显减少,相邻针状组织之间距离变大。此外,针状 α 相也有变粗的趋势,这种转变表明了温度的增加使针状 α 相在逐渐变粗,同时间距也在增大。在图 5-8 c 中,600 ℃回火后的组织和前面的相比较已经发生了巨大的变化,α 相由之前的针状转变成片状组织,图中粗化的片状 α 相长度和宽度都明显增大,并且大都平行分布和垂直分布。图 5-8 d 中,700 ℃回火后,片状 α 相进一步粗化,并且大都呈现出相互平行分布,交叉分布的现象已经很少出现,不过 α 相之间的间距进一步增大。图 5-8 e 中,800 ℃回火后很少能看到细长的 α 相了,整体看起来比较粗大。图 5-8 f 中 900 ℃回火后的片状 α 相明显变得更加粗大，相互交错分布的 α 片条几乎连接在一起，长条状的片状 α 板条大都为短粗的板条替换。总体来看，在 500 ℃以下回火，α 以针状形貌存在；500 ℃以上回火，α 相以片状形貌存在。随着温度的不断升高，α 相逐渐变得粗大，α 相之间的间距也在不断增大。

5.3.2　不同温度回火力学性能分析

图 5-9 为不同温度下回火 TMCs 基体的硬度变化曲线。从图中可以看出，随着温度的升高，硬度整体先下降后上升。在低温(低于 500 ℃)回火时硬度变化并不明显，而当回火温度超过 500 ℃时，随着回火温度的升高，TMCs 的硬度陡然下降。在此温度区间，根据图 5-8 可以发现，主要是针状 α 相向片状 α 相的转变过程，因此长而平直却间距稀疏的片状 α 相的出现是使 TMCs 回火硬度下降的主要原因。当进一步升高回火温度时，粗而密集交叉分布的片状 α 相造成 TMCs 的硬度回升。

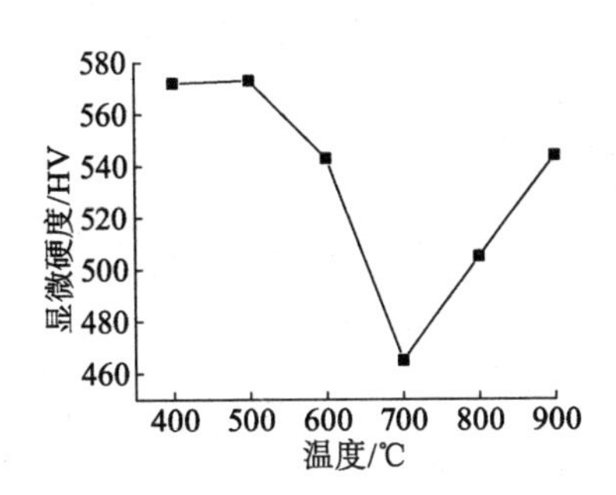

图 5-9　不同温度下回火 TMCs 的硬度变化

图 5-10 为 TMCs 不同回火温度的屈服强度和抗拉强度随回火温度的变化曲线。从图中可以看出，随着回火温度的上升，抗拉强度 R_m 和屈服强度 $R_{p0.2}$ 都出现了较大的提升。结合图 5-8 回火后的组织形貌图，TMCs 强度的提高主要是由于平行片状 α 相的出现，而相互交叉存在的针状 α 相数量的减少提高了材料产生应力集中的现象，从而减少微裂纹的产生，提高了材料的强度。同样，由图

5-11 中钛基复合材料不同回火温度下回火延伸率的变化，可以发现，随着回火温度的提高，延伸率先上升后下降。平行片状 α 相的出现，使得相互交叉存在的针状 α 相的数量减少，材料协调变形的能力提高，从而延伸率得到提高。

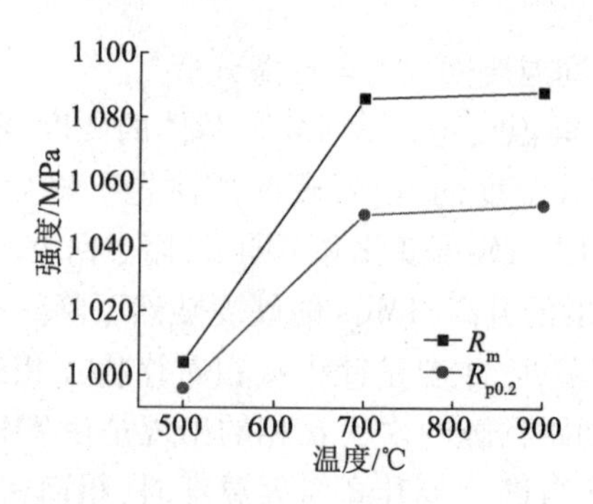

图 5-10　回火后抗拉强度与屈服强度随温度的变化曲线

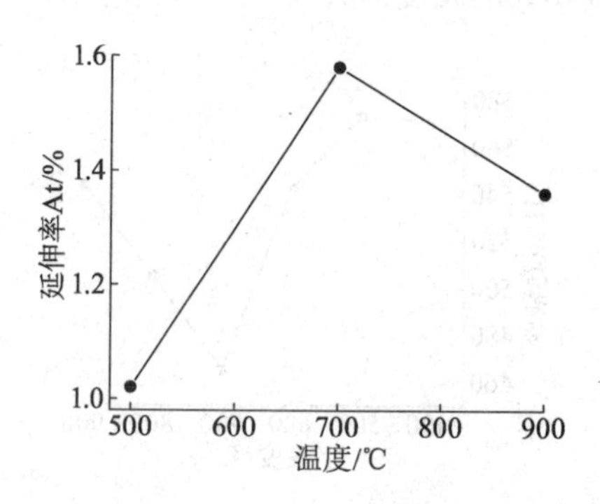

图 5-11　回火后延伸率随温度的变化曲线

5.3.3　不同温度回火后的断口形貌分析

图 5-12 为 TMCs 不同温度回火后的拉伸断口形貌。与铸态 TMCs 的拉伸断口相比，断口形貌没有出现明显的变化。从图中可以很清楚地看到解理台阶和韧窝，其断口仍然以解理断裂和韧窝聚集断裂为主，不过其中最主要的还是解理断裂。

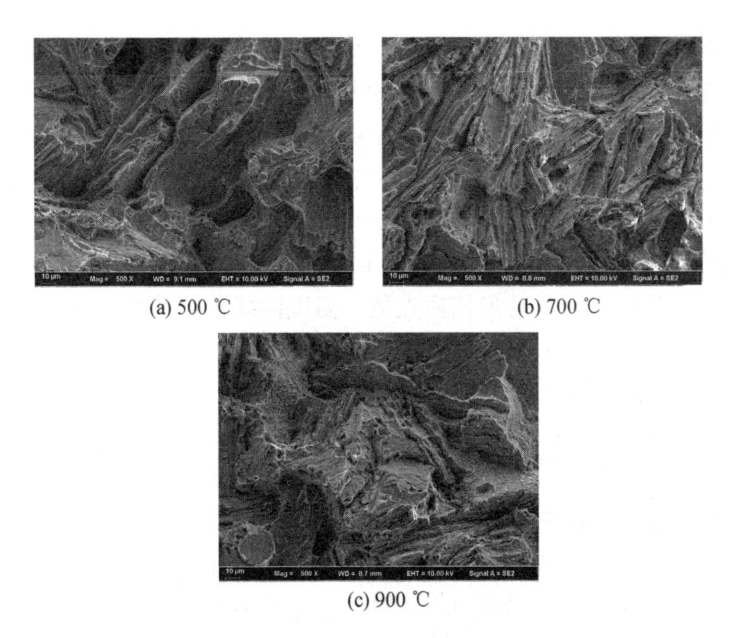

(a) 500 ℃　　(b) 700 ℃

(c) 900 ℃

图 5-12　回火后的拉伸断口形貌

5.4　不同温度等温转变对 TMCs 组织和性能的影响

5.4.1　转变温度对 α 相形貌的影响

为了进一步研究钛基复合材料中 α 相的析出行为，分析不同过冷度下的相变对 α 相形貌的影响，首先在 TMCs 随炉铸件上取一系列试样，试样尺寸为 10 mm×5 mm×2 mm，然后把全部试样都加热到 1 080 ℃，保温 30 min，使其完成 β 转变，然后分别迅速放入 400，500，700，800，900 ℃等温度的盐浴中，让其在该温度盐浴中发生 β→α 的转变。

图 5-13 为试样分别在温度 1 080 ℃下淬火后立即在 400，500，700，800，900 ℃下盐浴处理后的组织形貌。由图可以发现，整体上随着 α 相析出温度的提高，α 板条的宽度变厚，α 相长径比变小，等轴化 α 相增多，这与精密铸造 TMCs 组织中 α 相等轴化的情况一致。此外还发现，与 TiB 晶须呈一定位向关系析出 α 板条。这类 α

板条往往一端依附 TiB 晶须，并与 TiB 的轴向相垂直，尤其是图 5-13 b 中等较低温度析出时，发现析出的 α 板条大都是与 TiB 具有类似的位向特点。根据第 3 章 α 相以不同形核质点析出时自由能的计算可知，TMCs 中 α 相容易优先以 TiB 作为形核质点析出。TMCs 中发生 β 向 α 的相变时，α 相首先依靠 TiB 形成一系列的形核质点，然后向 β 晶粒内长大。在相变温度较低时，过冷度较大，依附 TiB 形成大量的形核质点数。温度的降低会使原子的扩散速度变慢，从而容易形成众多细小的 α 板条依附 TiB 晶须向 β 晶粒内长大，如图 5-13 b 和图 5-13 d 所示。而相变温度较高时，过冷度较小，TiB 上形成的 α 相晶核数量减少，此外温度升高有利于原子的扩散，因此析出的 α 板条会比较粗大。低过冷度下，α 相在形核应变能和界面能的影响下自由长大而发生等轴化，如图 5-13 d ~ e 所示。在精密铸造过程中，钛基复合材料在陶瓷型壳中凝固冷却。由于陶瓷型壳的保温作用，降温过程缓慢，α 相容易在较高温度下发生相变析出，因此造成 TMCs 精密铸造组织中 α 相更趋近于等轴化。等温相变析出时 α 相与 TiB 的这种形貌特点，也进一步验证了 TMCs 中 α 相更趋向于以 TiB 作为形核质点析出。

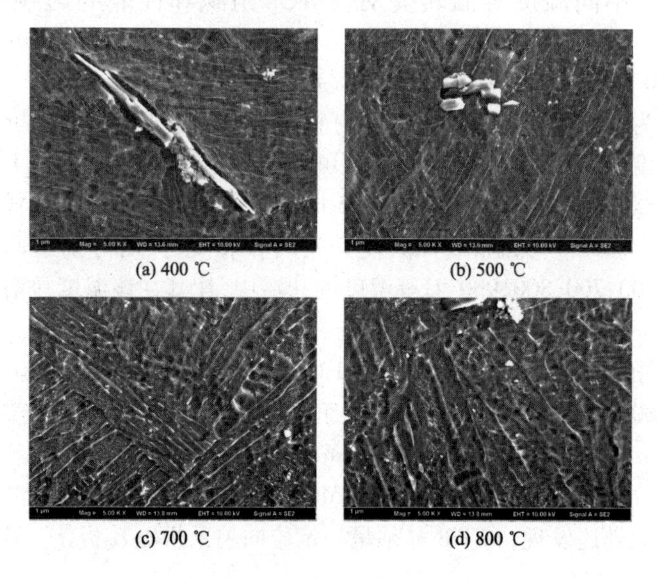

(a) 400 ℃　(b) 500 ℃

(c) 700 ℃　(d) 800 ℃

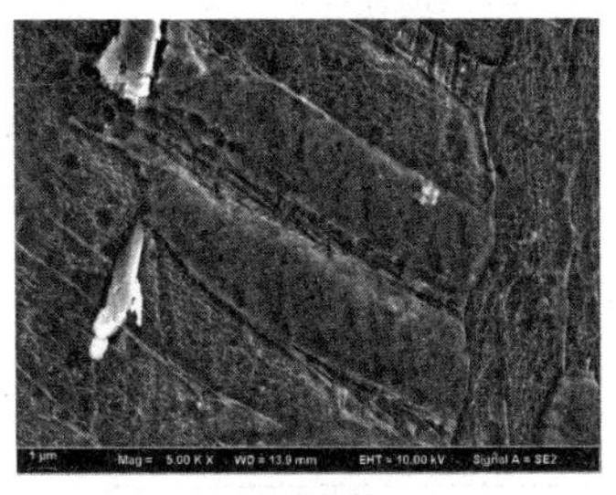

(e) 900 ℃

图 5-13　不同温度盐浴处理后的组织形貌

为了方便统计分析 α 相的形貌变化特点,定义临近的两片 α 相厚度的中心之间的距离为 α 相的片层间距,记为 λ;板条的长与宽的比值为长径比。每个温度下的统计数据不低于 200 个,最后求取平均值,不同温度下等温转变后的 α 相中钛基体的长度和宽度的统计平均值如表 5-4 所示。从图 5-13 a 可以看出,在 400 ℃进行盐浴处理后的组织中晶界处分布着颗粒状的 TiC 增强体和针片状的 TiB 增强体,晶粒内为细而长且相互交错的细板条组织 α - Ti 板条。图中的 α 相的片层间距 λ 非常小,平均只有 1. 57 μm,长径比为 10. 8。在 500 ℃等温转变,α 板条虽然感觉粗细上的变化不太明显(见图 5-13 b),但是经过测量统计发现,α 板条有长大的倾向,其片层间距增长到了 1. 64 μm,而长径比更是升到了 13. 0。当转变温度升到 700 ℃时,与图 5-13 b 相比,α 板条明显变粗(见图 5-13 c),片层间距 λ 进一步增加到了 1. 73 μm,同时长径比也增加到了 14. 5。进一步升高转变温度(见图 5-13 d),α 相明显进一步粗化,板条长度也进一步增加,但是长径比出现了略微降低。当等温转变温度升到 900 ℃时(见图 5-13 e),α 板条的尺寸进一步粗化,片层间距 λ 增加到了 2. 18 μm,长度也进一步增加,但是长径比并没有明显变化。

表 5-4 不同温度下 α-Ti 的长度和宽度

温度/℃	长度/μm	宽度/μm	长径比
400	16.98	1.57	10.8
500	21.42	1.64	13.0
700	25.14	1.73	14.5
800	28.03	2.05	13.7
900	29.81	2.18	13.7

不同温度下 α 转变形貌的差异,主要与不同温度下 α 的形核率和长大速度有关系。因为温度较低时,等温转变的过冷度较大,其形核功较大,形核驱动力也大,所以晶核的形核数目多且形核速度快。但由于低温会影响元素的扩散,α 的长大速度比较慢,所以形成的是细针状的 α 相。盐浴温度升高后,虽然 α 相等温转变的形核驱动力变小,形核率低,但是由于转变温度高、元素扩散速度快,因此促进了 α 相的生长,这样就容易形成粗大的板条状 α 相。总之,随着等温转变温度的升高,组织中的 α 相板条越粗大,α 相的片层间距逐渐增加,板条长度也逐渐增大,长径比先增加后减小并维持在一定的区域。

5.4.2 不同温度盐浴力学性能分析

盐浴后的力学性能如表 5-5 所示。从表中可以看出,盐浴后的延伸率是比较低的,仍然是脆性断裂。这表明 5 vol.% (TiC + TiB)/Ti-6Al-4V 在不同温度的相变虽然改变了基体相的形貌,但延伸率并没有得到很好的改善。盐浴后屈服强度与抗拉强度随温度变化的趋势如图 5-14 所示。从图中可以看到,在 800 ℃前屈服强度都呈增长趋势,在 800 ℃时达到最高值,继续升温屈服强度会迅速下降,而抗拉强度整体呈现出下降趋势。

表 5-5 盐浴后的力学性能

温度/℃	延伸率/%	屈服强度/MPa	抗拉强度/MPa
400	2.15	969	1 065
500	1.65	988	1 045

续表

温度/ ℃	延伸率/%	屈服强度/MPa	抗拉强度/MPa
700	2.0	993	1 035
800	1.65	996	1 040
900	1.6	976	1 025

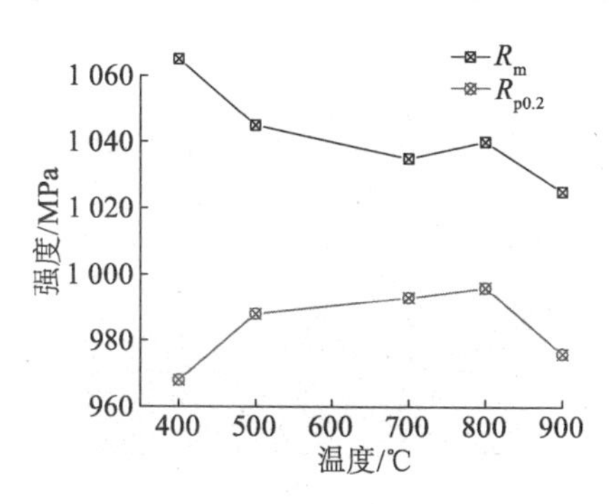

图 5-14　盐浴后屈服强度与抗拉强度随温度变化趋势

5.4.3　盐浴断口形貌特征

图 5-15 为不同温度等温转变后的拉伸断口形貌。从图中可以看到，不同盐浴后的拉伸断裂仍然是解理断裂和韧窝断裂的混合断裂，解理断裂特征为断口的主要断裂特征。

(a) 400 ℃

(b) 500 ℃

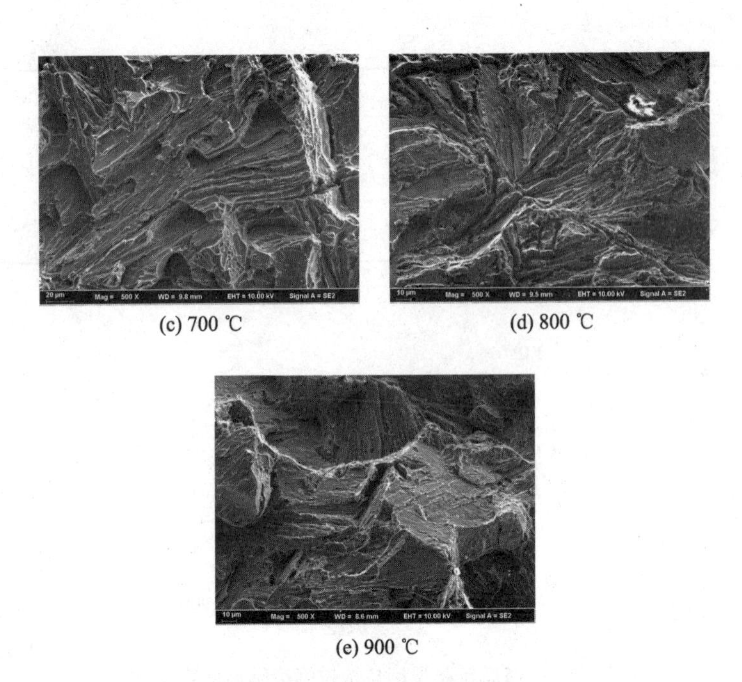

(c) 700 ℃　　(d) 800 ℃

(e) 900 ℃

图 5-15　不同温度盐浴后的断口形貌

5.5　本章小结

本章主要研究淬火温度、回火温度和等温温度对 5 vol.%（TiC + TiB）/Ti－6Al－4V 钛基复合材料（TMCs）的组织和机械性能的影响，得到如下结果：

（1）TMCs 淬火后的显微组织以针状马氏体为主。在基体 TC4 相变点以下淬火，只会引起初生相的粗化；而淬火温度超过 TMCs 的相变温度之后，所有组织均转变为针状马氏体。在基体相变点和 TMCs 相变点之间转变时，组织为初生相加针状马氏体，并且初生相随着淬火温度的升高逐渐减少。

（2）TMCs 在 1 080 ℃淬火后再进行回火处理，转变为 α 相，在 400 ℃和 500 ℃下，它的组织由针状 α 相构成，淬火后组织变化不明显。回火温度高于 500 ℃后，针状 α 逐渐变成片状 α，随着温度的升高，片状 α 相逐渐粗化。

(3) TMCs 在 1 080 ℃保温完成 β 转变后立即进行不同温度下的 α 相等温转变处理，发现随着等温转变温度的升高，α 板条逐渐粗化，板条长度和片层间距都出现了增长的现象，但是长径比先增加后减小，最后维持在一定的比值。

(4) 通过拉伸试验数据和拉伸断口形貌可知，TMCs 材料的延伸率都比较低，属于脆性断裂，拉伸断口为解理断裂和韧窝断裂的混合断口。TMCs 完全 β 化后，随着淬火温度的升高，抗拉强度、屈服强度和延伸率均降低。回火转变可以适当提高淬火后 TMCs 的强度，随着回火温度的升高，抗拉强度和屈服强度都会升高，继续升高回火温度并不能提高 TMCs 的强度，但是延伸率会下降。等温转变温度的升高会导致材料的抗拉强度下降，但屈服强度是先上升后下降。

第6章 钛基复合材料的化学镀镍工艺

我国的钛资源较为丰富，钛基复合材料因其具有更高的强度和耐磨性能而得到更多的应用。然而，由于钛基复合材料具有耐腐蚀性能差等缺陷，因此其应用受到很大的限制。表面处理技术，例如电镀、化学镀、激光表面处理、热喷涂等在提高材料的耐磨性能的同时，还可以提高材料的耐腐蚀性能。寻找合适的钛基复合材料的表面处理技术对于进一步扩大其应用具有重要的意义。

本章研究内容主要是针对钛基复合材料各相组织的物理化学性能不同，开发出适合钛基复合材料的化学镀镍工艺，为钛基复合材料的表面处理和相界面研究打下一定的基础。

6.1 试验药品和试验设备

试验所需药品和仪器设备分别如表6-1和表6-2所示。

表6-1 试验药品

试剂名称	级别	试剂名称	级别
氯化镍	分析纯	十二烷基磺酸钠	分析纯
柠檬酸钠	分析纯	六次甲基四胺	分析纯
乙酸钠	分析纯	氨基磺酸钠	分析纯
乙酸铅	分析纯	聚乙烯醇	分析纯
次亚磷酸钠	分析纯	聚乙烯吡咯烷酮	分析纯
十六烷基三甲基溴化铵	分析纯	羧甲基纤维素钠盐	分析纯
十二烷基苯磺酸钠	分析纯	氧化铝粉末	分析纯

续表

试剂名称	级别	试剂名称	级别
硫酸锌	分析纯	硝酸	65% 质量浓度
氢氧化钠	分析纯	双氧水	35% 质量浓度
碳酸钠	分析纯	乳酸	分析纯
氢氟酸	40% 质量浓度		

表 6-2　仪器设备

名称	型号	名称	型号
SEM 扫描电子显微镜	ZEISS ULTRA 55	箱式电阻炉	SX－10－12
超声波清洗机	B2500S－MT	电热恒温水浴锅	HH－S－112
电子天平	FA2004N		

6.2　试验材料和试验内容

6.2.1　试验材料及预处理

本试验采用 5 vol.%(TiB + TiC)/Ti－6Al－4V 钛基复合材料作为化学镀试样。钛基复合材料的基体为 TC4 钛合金，钛化学性质非常活泼，容易在空气中与氧气迅速发生反应，使表面生成一层致密且稳定性很高的氧化膜层，这层氧化膜由钛的一种或多种氧化物组成，与内部基体之间有很强的结合力。当这层氧化膜受到外界磨损破坏时，自动愈合的速度非常快，所以很难在这层氧化膜上进行施镀。因此，在进行化学镀之前，必须对试样进行有效的除膜、活化等预处理。

试样的预处理工艺流程为：砂纸打磨→化学除油→水洗→酸洗除锈→再水洗。

1. 砂纸打磨

用 2000# 砂纸进行水磨，这样能够除去试样表面的氧化层、锈迹、划痕、表面杂质等,从而使试样表面光滑平整。

2. 化学除油

采用碱液进行除油。除油原理是利用油污与碱性溶液发生皂化反应,从而去除表面油污。油污的主要成分是不溶于水的不饱和脂肪酸,但它能和碱溶液反应溶于水中,从而达到去除油污的目的。为提高试验效率,节约时间,除油将在超声波清洗器中进行:试样放于盛有碱液的烧杯中,将烧杯放在超声波清洗器中。碱液配方及工作条件如表 6-3 所示。

表 6-3 碱液配方及工作条件

试剂名称	用量/($g \cdot L^{-1}$)	工作条件
NaOH	40	室温下进行 10 ~ 20 min
Na_2CO_3	20	

3. 水洗

室温下用水冲洗,除去试样表面残留的碱液。

4. 酸洗除锈

酸洗液的配方如表 6-4 所示。

表 6-4 酸洗液配方及工作条件

试剂名称	用量/($mL \cdot L^{-1}$)	工作条件
HNO_3(65% 质量浓度)	60	
HF(40% 质量浓度)	70	室温下进行 1 ~ 2 min
H_2O_2(30% 质量浓度)	100	

5. 再水洗

室温下用水冲洗,除去试样表面残留的酸洗液。

6.2.2 活化

利用超声波对基体进行活化处理,有助于提高镀层与基体的结合力,缩短活化时间,提高工作效率。本章活化工艺配方如表 6-5 所示。

表6-5　活化工艺配方

试剂名称	用量/($g \cdot L^{-1}$)
$ZnSO_4 \cdot 7H_2O$	10~15
HF(40%质量浓度)	20~30
$CH_3(CH_2)_{14}CH_2(CH_3)_3NBr$	20~30

将配置好的活化液放入超声波清洗机中,选取超声波频率为20~50 kHz,功率为200 W左右,然后将预前处理过的试样浸入活化液中,经过9~15 s即可取出。

6.2.3　镀层制备

化学镀镍工艺的镀液主要包含以下几种成分。

1. 主盐

化学镀液中的主盐是镍盐,一般选用氯化镍或硫酸镍,提供镍离子。经研究发现,镍离子浓度越高,镀液反应速率越大,但是化学镀液的稳定性会有所下降。

2. 还原剂

镀液的还原剂一般选择次亚磷酸钠,其用量随镍盐的用量变化而改变。增加次亚磷酸钠的用量,化学反应速率会有所提高,但容易生成附加产物,造成镀液稳定性下降,对镀层产生不良影响。

3. 缓冲剂

缓冲剂主要用于控制镀液的pH值,使其稳定在一定范围内。在镍离子沉积形成镀层的同时,溶液中的氢离子不断析出,造成溶液的pH值逐渐下降,而pH值的变化又会导致沉积反应速率降低。当pH值较低时,沉积反应速率几乎为零。化学镀镍磷镀液中最常用的缓冲剂是乙酸钠,用量一般为10~20 g/L。

4. 络合剂

随着沉积反应的进行,镀液中生成的亚磷酸根离子越来越多,而亚磷酸根容易与镍离子反应生成沉淀,从而导致镀液失效。因此需要在镀液中添加络合剂,络合剂可以与镍离子形成性质稳定的络合物,从而减少镀液中游离的镍离子的数量和亚磷酸镍沉淀的生成,使化学镀液能够保持良好的稳定性。化学镀工艺中常用乙酸、丙酸、苹果酸、乳酸、柠檬酸及其相关盐类作为络合剂。

5. 稳定剂

化学镀液中加入稳定剂,能够防止镀液分解失效,使镀液保持较高的稳定性。不仅如此,镀液中的粒子优先吸附稳定剂,从而能够保持沉积反应只在基体材料表面进行。但是,稳定剂的使用量不宜过多,否则会导致化学镀液失效。因此,应严格控制镀液中稳定剂的添加量。常用的稳定剂有:重金属离子,如 Pb^{2+}、Sb^{3+}、Sn^{2+}等;某些氧化物,如 MoO_4^{2-}、IO_3^-、BrO_3^-、NO_2^- 等;某些硫的化合物,如硫氰酸盐、硫代硫酸盐等。

6. 表面活性剂

表面活性剂具有润湿作用,且能够使被还原的金属离子均匀地沉积在基体材料表面,避免金属粒子聚集成团,影响镀层质量。表面活性剂分为 3 类:阴离子表面活性剂、阳离子表面活性剂和非离子表面活性剂。

7. 氧化铝颗粒

常见的氧化铝颗粒有 $\alpha-Al_2O_3$ 和 $\gamma-Al_2O_3$。自然界中的刚玉为 $\alpha-Al_2O_3$,属于六方紧密堆积晶体。$\alpha-Al_2O_3$ 的熔点为 2 015 ℃左右,不溶于水、酸和碱。$\gamma-Al_2O_3$ 属于立方紧密堆积晶体,不溶于水,但能溶于酸和碱,是典型的两性氧化物。工业氧化铝为 $\gamma-Al_2O_3$,低温环境下较为稳定,在 1 050 ℃开始转变为 $\alpha-Al_2O_3$。$\alpha-Al_2O_3$ 的性能稳定,而且硬度较大、耐磨性较强,本章采用 $\alpha-Al_2O_3$ 加入镀液中来改善镀层的性能。

本试验中选用的主盐、还原剂、缓冲剂、络合剂、稳定剂分别为氯化镍、次亚磷酸钠、柠檬酸钠和乳酸、乙酸钠、乙酸铅;表面活性剂为六次甲基四胺、聚乙烯醇、聚乙烯吡咯烷酮、羧甲基纤维素钠盐、十六烷基三甲基溴化铵、十二烷基苯磺酸钠、十二烷基磺酸钠、氨基磺酸钠;化学镀液配方如表 6-6 所示。

表6-6　化学镀镍磷镀液配方

试剂名称	用量/$(g \cdot L^{-1})$	试剂名称	用量/$(g \cdot L^{-1})$
$NiCl_2 \cdot 6H_2O$	15～30	乳酸	30 mL/L
$NaH_2PO_2 \cdot H_2O$	15～38	表面活性剂	计算量
$CH_3COONa \cdot 3H_2O$	10～30	氧化铝粉末	4
$Na_3C_6H_5O_7 \cdot 3H_2O$	18～20		

值得注意的是，配置镀液应严格按照化学镀镀液配置步骤进行，尤其要避免硫酸镍溶液与次亚磷酸钠发生反应导致镀液失效。每次配制镀液的量不宜过多，配置好的镀液不宜久置，应尽快使用。

试验中，施镀时间为15～30 min，反应温度为60～95 ℃。

6.2.4　化学镀工艺参数试验

1. 确定最佳温度

将化学镀液的pH值保持为7，然后将基体试样分别放入温度为60，70，75，80，85，90，95 ℃的镀液中，反应时间为20 min，取出试样后观察镀层的分布情况，确定施镀的最佳温度。

2. 确定最佳pH值

将温度维持在上述试验确定的最佳反应温度，然后将基体试样分别放入pH值为4，5，7，8，9的化学镀液中，反应时间为20 min，取出试样后观察镀层的分布情况，确定施镀的最佳pH值。

3. 在镀液中添加不同的络合剂

在镀液的配制过程中分别加入柠檬酸钠和乳酸作为络合剂，然后将镀液的温度、pH值调至最佳，施镀结束后，观察基体表面镀层的分布情况，确定效果最佳的络合剂。

4. 在镀液中添加不同的表面活性剂

将试验条件调至最佳，然后在镀液中分别加入六次甲基四胺、聚乙烯醇、聚乙烯吡咯烷酮、羧甲基纤维素钠盐、十六烷基三甲基溴化铵、十二烷基苯磺酸钠、十二烷基磺酸钠、氨基磺酸钠作为表面活性剂。将试样分别放入添加不同表面活性剂的镀液，反应时间为 20 min,取出试样,观察镀层的分布情况。

5. 在镀液中添加氧化铝颗粒

将试验条件调至最佳,然后在化学镀液中加入计算量的 α - Al_2O_3。将试样放入复合镀液中,并不断搅拌,反应时间为 20 min,取出试样,观察镀层的分布情况。

6. 扩散热处理

施镀完成后,对试样进行扩散热处理,热处理温度为 890 ℃,时间为 4 h,随炉缓冷。取出试样,观察基体与镀层组织相互扩散的情况。

6.3 钛基复合材料预处理工艺研究

钛基复合材料的主要成分为钛或钛合金,性质极为活泼,在空气中极易与氧气反应,使基体材料表面覆盖一层氧化膜。这层氧化膜化学性质非常稳定,分布均匀致密,造成化学镀层与基体表面结合力减弱。因此,基体材料的预处理尤为重要,尤其是酸洗除膜和活化工艺。

6.3.1 酸洗

试样经砂纸打磨后,先进行化学除油,接着进行酸洗除去试样表面的氧化膜。钛基复合材料表面的氧化物与酸液反应使溶液变为黄色,随着反应时间的增加,试样表面的氧化物被完全腐蚀,露出的金属钛与酸液反应,溶液逐渐由黄色变为棕红色。因此,当酸洗液开始变为棕红色时,即可认为试样表面的氧化膜除尽了。酸洗时间一般为 90 s 左右。

6.3.2 活化

本节将对钛基复合材料进行活化处理,使其表面被一层锌膜覆盖。钛基复合材料表面有了一层锌膜的保护后就不会被氧化,从而解决了施镀困难的问题。

活化反应过程如下:

$$Ti + 6F^- \rightarrow [TiF_6]^{2-} + 4e \tag{6-1}$$

$$Ti \rightarrow Ti^{2+} + 2e \tag{6-2}$$

$$Ti^{2+} \rightarrow Ti^{3+} + e \tag{6-3}$$

$$2H^+ + 2e \rightarrow H_2 \uparrow \tag{6-4}$$

$$Zn^{2+} + 2e \rightarrow Zn \tag{6-5}$$

$$Zn + 2H^+ \rightarrow Zn^{2+} + H_2 \uparrow \tag{6-6}$$

经试验证明,活化时间对活化效果有显著的影响。图6-1所示是镀液温度在85 ℃、pH值为8,超声活化分别为5 s、10 s、30 s、1 min、3 min的镀层分布情况。由图可知,当超声活化时间为5 s时,试样表面虽然黏附了部分金属粒子,但镀层整体分布不均匀;当超声活化时间为10 s左右时,镀层的分布较为均匀密集;当超声活化时间为1 min和3 min时,镀件表面几乎没有粘附金属粒子。综上所述,钛基复合材料化学镀镍磷工艺进行超声活化的最佳时间为10 s左右。

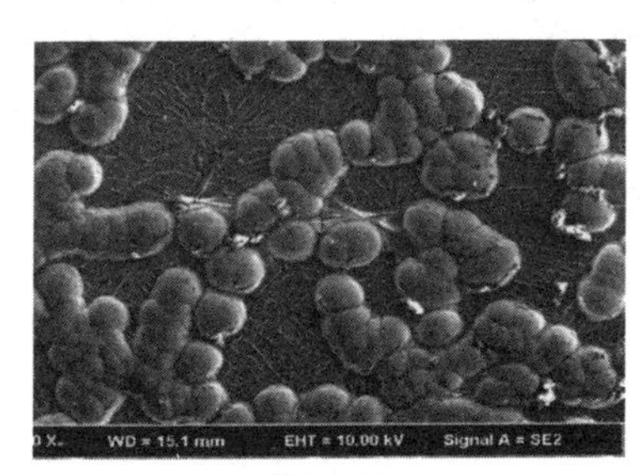

(a) 超声活化5 s

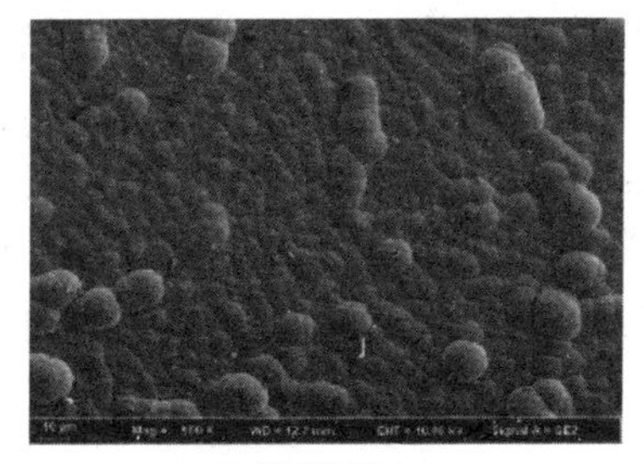

(b) 超声活化10 s

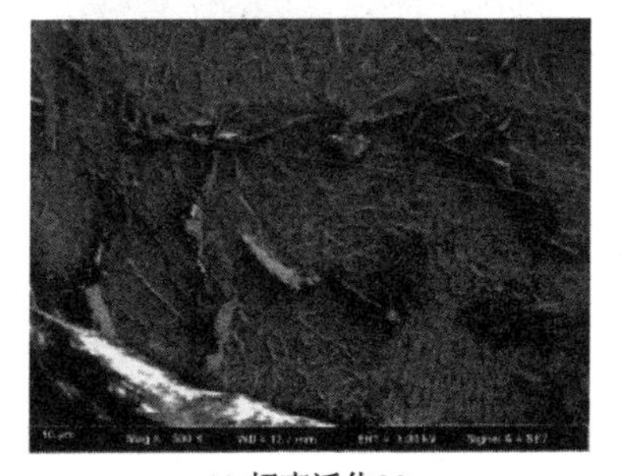

(c) 超声活化30 s

(d) 超声活化1 min

(e) 超声活化3 min

图 6-1　不同活化时间下镀层的分布情况

6.4　钛基复合材料化学镀工艺研究

6.4.1　镀液温度对镀层的影响

图 6-2 所示是 pH 值为 7，温度分别为 60，70，75，80，85，90 ℃时镀件表面镀层的分布情况。由图可以看出，当温度低于 75 ℃时，镀件表面没有镍磷镀层；当温度低于 80 ℃时，基体表面粘附有少量金属粒子；当温度为 85 ℃时，材料表面镍磷镀层分布较为均匀密集；当温度高于 85 ℃时，镀层逐渐变得不均匀，质量较差。综上所述，钛基复合材料化学镀镍磷工艺的最佳温度为 85 ℃。

(a) 温度为60 ℃

(b) 温度为70 ℃

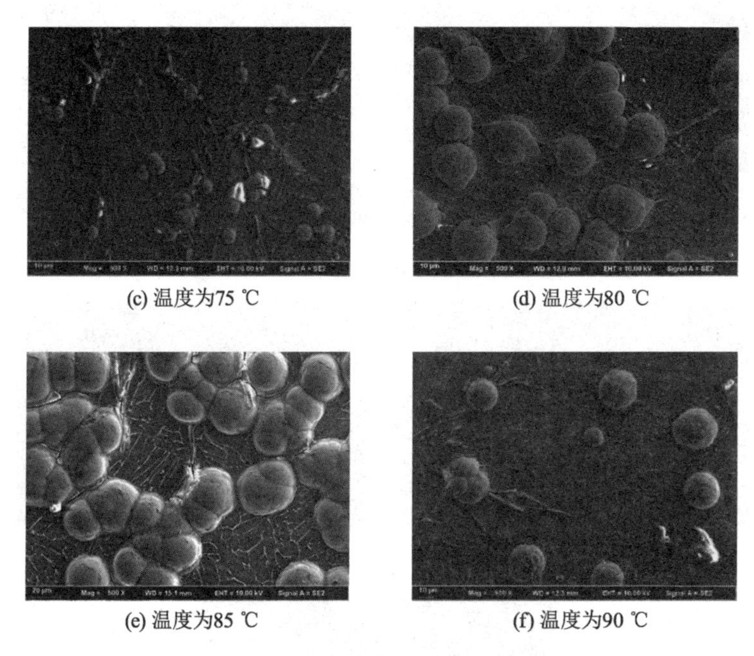

(c) 温度为75 ℃　　(d) 温度为80 ℃

(e) 温度为85 ℃　　(f) 温度为90 ℃

图 6-2　不同温度下镀层的分布情况

6.4.2　镀液的 pH 值对镀层的影响

图 6-3 所示是温度在 85 ℃,pH 值分别为 4,5,7,8,9 时镀层的分布情况。由图可知,当化学镀液呈酸性($pH<7$)时,镀液中的金属离子无法在基体表面沉积;当镀液为中性时($pH=7$)时,镀件表面上少量金属离子被还原,但形成的镀层分布不均匀;当镀液为碱性时($pH>7$)时,基体材料表面覆盖了一层均匀致密的镍磷镀层,相较之下,镀液的 pH 值为 8 时获得的镀层比 pH 值为 9 时更为均匀致密,且孔隙较少。综上所述,钛基复合材料化学镀镍磷工艺的最佳 pH 值为 8。

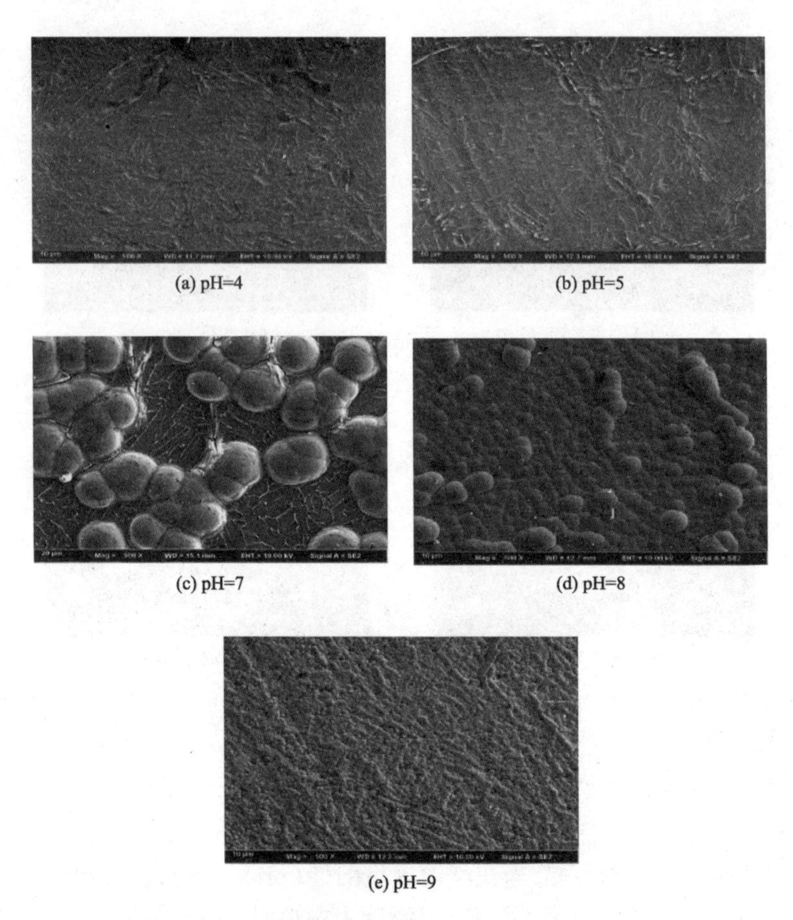

(a) pH=4 (b) pH=5

(c) pH=7 (d) pH=8

(e) pH=9

图 6-3 不同镀液 pH 值下镀层的分布情况

6.4.3 镀液中加入不同络合剂对镀层的影响

图 6-4 所示是镀液 pH 值为 8,温度在 85 ℃,络合剂分别为柠檬酸钠和乳酸时镍磷镀层的形貌。对比两图可以看出,化学镀液中添加柠檬酸钠作为络合剂时,镍磷镀层较为平滑均匀,而乳酸作为络合剂得到的镀层则显得非常粗糙,表面不平滑且有大量条状凸起物。因此,钛基复合材料化学镀镍磷工艺中效果较好的络合剂为柠檬酸钠。

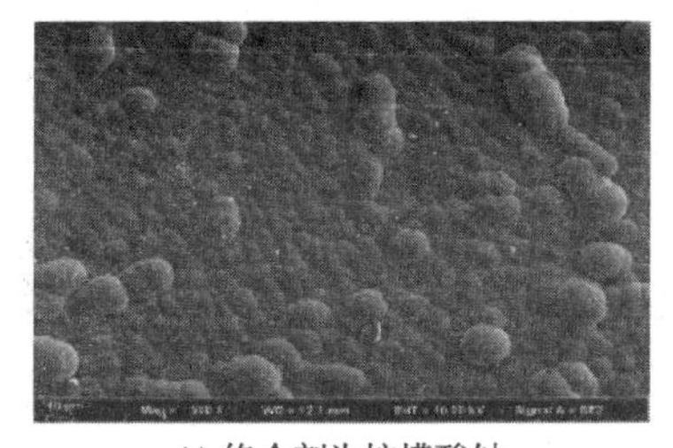

(a) 络合剂为柠檬酸钠

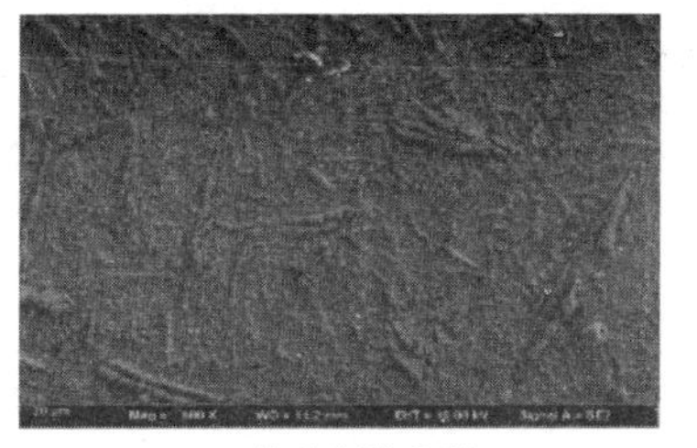

(b) 络合剂为乳酸

图6-4　化学镀液中添加不同活性剂时镀层的形貌

6.4.4　镀液中加入表面活性剂对镀层的影响

图6-5所示是镀液pH值为8，温度在85 ℃，表面活性剂分别为十二烷基苯磺酸钠、十二烷基磺酸钠、氨基磺酸镍、聚乙烯吡咯烷酮、聚乙烯醇、羧甲基纤维素钠盐、六次甲基四胺、十六烷基三甲基溴化铵时镍磷镀层的形貌。

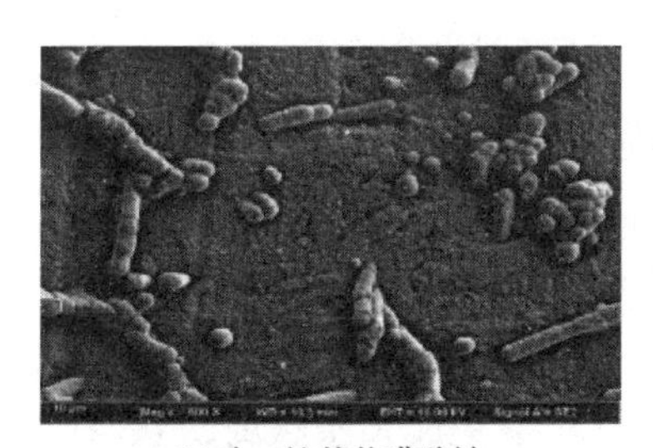

(a) 十二烷基苯磺酸钠

(b) 十二烷基磺酸钠

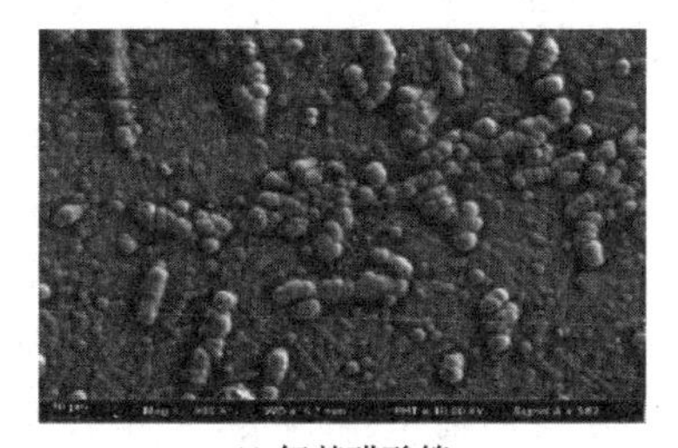

(c) 氨基磺酸镍

(d) 聚乙烯吡咯烷酮

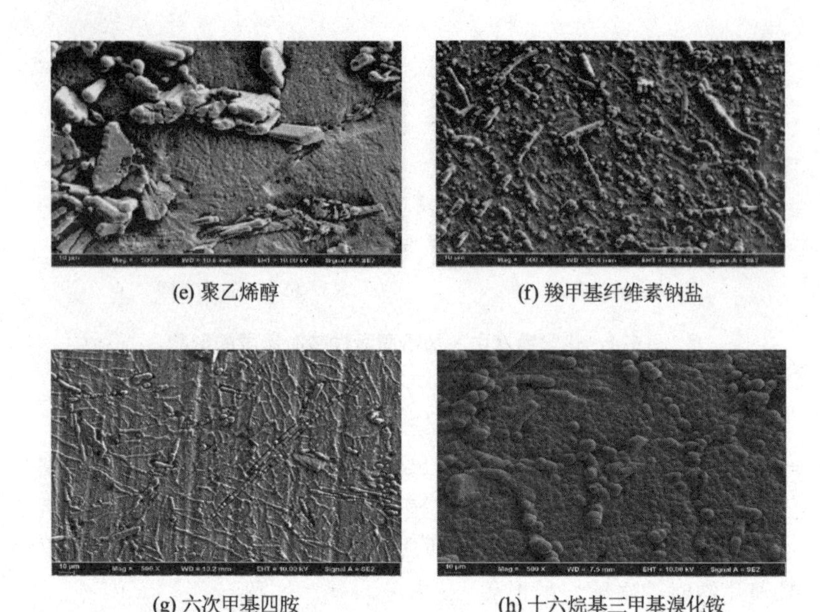

(e) 聚乙烯醇　　(f) 羧甲基纤维素钠盐

(g) 六次甲基四胺　　(h) 十六烷基三甲基溴化铵

图 6-5　化学镀液中添加不同表面活性剂时镀层的形貌

由图可知，十二烷基苯磺酸钠作为表面活性剂获得的镍磷镀层分布不均匀，存在较多孔隙，表面形貌粗糙且存在杂质；十二烷基磺酸钠作为表面活性剂时，镀层中金属粒子聚集成团，形成粒径较大的颗粒，镀层较为粗糙，表面存在较多的孔隙且孔隙较大；氨基磺酸镍使镀层分布不均匀，部分颗粒聚集成长条状或块状，在镀层表面形成凸起物；聚乙烯吡咯烷酮使金属粒子聚集成为较大颗粒，这些颗粒随机分散在镀层表面，使镀层凹凸不平；聚乙烯醇在高于 95 ℃时才会溶于水，因此对镀层形貌没有影响；羧甲基纤维素钠盐使镀层表面形成粒径较大的球状颗粒，且这些颗粒还聚集成长条状，镀层形貌非常粗糙；六次甲基四胺作为表面活性剂所得镀层存在较大孔隙，且镀层沿晶界呈块状分布；十六烷基三甲基溴化铵作为表面活性剂时，镍磷镀层分布均匀平滑致密，无较大颗粒，不存在明显的孔隙，质量较高。综上所述，钛基复合材料化学镀镍磷工艺中效果最佳的表面活性剂为十六烷基三甲基溴化铵。

6.5　$Ni-P-Al_2O_3$ 复合镀层

图6-6所示镀层形貌皆为镀液pH值为8、温度为85 ℃时所得。不同的是,图6-6 a所示镀层为加入氧化铝颗粒所得的 $Ni-P-Al_2O_3$ 复合镀层,图6-6 b则是在表面活性剂十六烷基三甲基溴化铵的作用下,加入氧化铝颗粒得到的 $Ni-P-Al_2O_3$ 复合镀层。由图可知,加入氧化铝得到的复合镀层均匀、平整、致密,粒子排列平整有序,无粒径较大的颗粒和明显的孔隙;而在镀液中添加表面活性剂十六烷基三甲基溴化铵后,镀层更加均匀,颗粒粒径更小,表面光滑平整,质量较高。综上所述,钛基复合材料化学复合镀 $Ni-P-Al_2O_3$ 所得复合镀层质量良好,加入十六烷基三甲基溴化铵作为表面活性剂,镀层质量得到进一步提升。

(a) 镀液中加入氧化铝颗粒

(b) 复合镀液中加入十六烷基三甲基溴化铵

图6-6　化学镀 $Ni-P-Al_2O_3$ 复合镀层形貌

6.6　本章小结

本章以钛基复合材料化学镀镍工艺为主要内容,通过对不同工艺参数进行试验探索,得出以下结论:

(1) 以传统的浸锌活化工艺为基础,使活化过程在超声波的作用下进行,减少了活化时间,工艺更加简便易操作,提高了试验效率,并且超声活化后基体与镀层结合力得到提升。钛基复合材料超声活化最佳时间为 10 s 左右。

(2) 保持化学镀液的 pH 值不变,改变温度得出:当温度为 85 ℃时,基体表面镀层质量最佳。因此,钛基复合材料化学镀镍磷工艺的最佳温度为 85 ℃。

(3) 保持温度不变,改变化学镀液的 pH 值可得出:当 pH 值为 8 时,镀件表面的镀层分布最为均匀密集。因此,钛基复合材料化学镀镍磷工艺的最佳 pH 值为 8。

(4) 保持温度和镀液的 pH 值不变,改变络合剂可得出:以柠檬酸钠作为络合剂加入化学镀液得到的镀层较为光滑平整。因此,钛基复合材料化学镀镍磷工艺选取柠檬酸钠作为络合剂效果更佳。

(5) 保持温度、镀液的 pH 值及络合剂不变,改变表面活性剂可得出:镀液中添加十六烷基三甲基溴化铵得到的镀层质量最佳。因此,钛基复合材料化学镀镍磷工艺效果最佳的表面活性剂为十六烷基三甲基溴化铵。

(6) 以钛基复合材料化学镀镍磷工艺为基础,在化学镀液中加入氧化铝颗粒,可获得更加均匀密集的 $Ni-P-Al_2O_3$ 复合镀层。加入表面活性剂十六烷基三甲基溴化铵后,复合镀层的质量进一步提升。

第7章　Ni的扩散对钛基复合材料性能的影响

钛基复合材料是由钛合金基体和陶瓷增强体组成的。钛合金基体和陶瓷增强体之间的弹性模量相差较大，导致材料性质不连续，使其在受力时相界面处产生应力集中，形成微裂纹，强度韧性下降，从而影响钛基复合材料的使用寿命。通过化学扩散处理，在基体和增强体之间引入一个NiTi的功能梯度界面，在钛合金基体和陶瓷增强体之间充当一个过渡层，可以减缓应力集中，从而提高材料的强度和韧性等。本章的研究内容就是在钛基复合材料表面形成一层镀镍层后，利用真空扩散的方式使镍原子进入钛基复合材料内部，进而在钛合金基体和陶瓷相增强体之间生成镍钛合金相的过渡层，再利用热处理相变改变过渡层的相组成，达到改变材料性能的目的，从而进一步达到对钛基复合材料相界控制的研究。

7.1　试验材料和试验内容

7.1.1　试验材料

本试验研究的钛基复合材料以Ti－6Al－4V为基体，含5 vol.%（TiC＋TiB），其中TiB与TiC的摩尔含量比是4∶1。

7.1.2　预扩散热处理

化学镀完成后，将试样放入高温真空热压炉进行高温预扩散热处理，热处理温度分别为975 ℃和1 050 ℃，时间2 h，随炉缓冷。取出试样，观察钛基体和镀层组织相互扩散的情况。

7.1.3　不同温度热处理

取高温预扩散热处理过的试样和未经高温预扩散热处理的试

样一起分别在770 ℃、950 ℃和1 120 ℃的温度下加热保温,保温时间为30 min,然后立即取出水冷,同时不断搅拌使试样均匀散热,具体处理工艺如表7-1所示。热处理结束后,将不同温度热处理后的钛基复合材料试样分别装入自封袋中,并贴上标签,做好标记。

表7-1　不同温度热处理工艺

温度/ ℃	冷却方式	时间/min
770	水冷	30
950	水冷	30
1 120	水冷	30

7.1.4　机械性能的测试

1. 硬度测试

对试样采用数显显微硬度测试,可以分析不同部位复合材料的硬度的变化。为了确保测试的准确性,在显微硬度测试时,加载200 N,保压10 s,并在每个试样上同一组织重复测试3次以上,记录数据并取其平均值。分析比较不同试验条件下试样的不同部位的硬度变化,结合材料的组织变化,分析硬度变化的原因。

2. 拉伸性能的测试

拉伸性能测试采用德国Zwick T1－FR020TN. A50测试系统测试不同试样的拉伸性能。拉伸试样首先通过电火花切割的方法从钛基复合材料铸件上切割成型,随后依次进行化学镀Ni、扩散和不同工艺热处理。对于处理后的试样表面统一采用1000#水磨砂纸打磨,然后钻定位孔。测试温度为室温,由于Zwick T1－FR020TN. A50测试系统可以完整、精确地记录拉伸时的数据的变化,因此可以准确地得到材料的弹性模量、屈服强度、抗拉强度和延伸率。试样拉断后采用SEM观察断口及断口附近组织变化,分析其断裂机制。

3. 耐磨性能的测试

摩擦磨损性能测定采用HT－1000高温摩擦磨损试验机测试不同试样镀层的耐磨性,如图7-1所示。测试方法是在不同工艺处理后的钛基复合材料试样表面采用圆周式摩擦,对摩擦头为氮化硅球,磨痕半径为5 mm,压头的压力为5 N,转速为0.1 m/s,摩擦磨损试验时间为20 min,摩擦磨损试验后的试样表面如图7-2所示。试验结束后采用LEXT OLS4000激光共聚焦显微镜分析磨痕深度及磨损量,并结合扫描电镜观察,分析其磨损机制。

图7-1 HT-1000高温摩擦磨损试验机

图7-2 磨痕的宏观照片

7.2 XRD衍射分析

不同工艺处理后的X射线衍射图谱如图7-3所示。

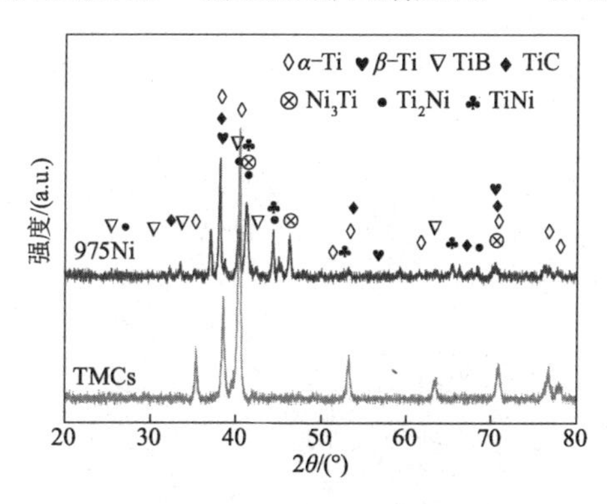

图7-3 X射线衍射(XRD)图

图7-3中钛基体为钛基复合材料铸件基体材料,975 Ni是钛基

复合材料试样化学镀镍后在 975 ℃高温预扩散 2 h 后的状态。由图可知:钛基体表面的增强体由 TiB 和 TiC 组成,其中合金基体主要由 α - Ti 和 β - Ti 两相组成,α - Ti 为主要相。从 975 Ni 的衍射图谱上可以看出,除了钛基体上的 TiB 和 TiC 之外,还含有多种镍钛的化合物,包括 NiTi、Ni_2Ti、Ni_3Ti,其中 Ti_2Ni 是主要的镍钛的化合物。化学镀镍之后,试样表面附着一层均匀致密的镍原子层,经过 975 ℃高温预扩散处理后,由于该温度下原钛基复合材料自身不会发生任何相变,而镍镀层中镍原子会扩散进入钛基复合材料。随着镍原子的扩散不断深入,镍原子的分布呈现一个梯度变化,从而在不同的区域与钛基体形成多种不同的镍钛的化合物,靠近镍原子层的部分由于含有的镍元素含量高,很有可能形成 Ni_2Ti 和 Ni_3Ti;靠近钛基体的部分由于含有的钛元素含量高,很有可能形成 Ti_2Ni。由于 Ti_2Ni 中钛的含量最多,所以 Ti_2Ni 是主要的镍钛的化合物。因此,TMCs 试样化学镀镍后经过 975 ℃初步预扩散生成的镍钛的化合物主要是 Ti_2Ni。

7.3 镀镍预扩散分析

图 7-4 是原始钛基复合材料铸态组织形貌,在本试验中是钛基复合材料化学镀镍之前的组织形貌。从图中可以看出:钛基复合材料是由钛基体和分布在钛基体表面的陶瓷增强体组成的,此时钛基体主要是 α - Ti,呈板条状;陶瓷增强体由 TiB 和 TiC 组成,其中 TiB 呈针状,TiC 呈颗粒状。

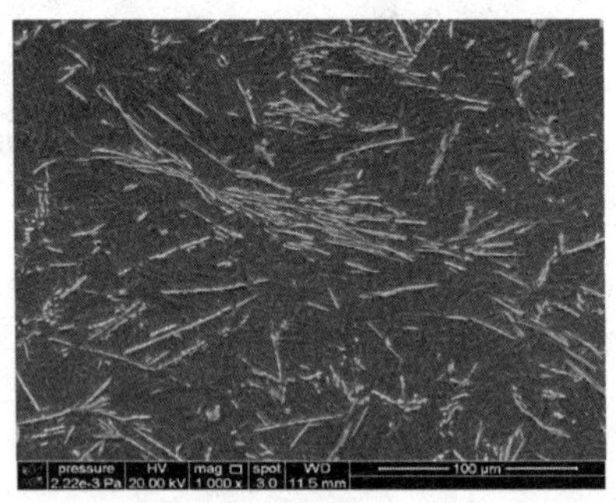

图 7-4　钛基复合材料铸态组织形貌

图7-5是经过化学镀镍的钛基复合材料在975 ℃下高温预扩散2 h后的界面形貌。由图可知:经过975 ℃的高温预扩散后,整个钛基复合材料的表面明显发生了变化,对比钛基复合材料铸态组织形貌(见图7-4),可以清楚地看到镍原子基本上是沿着钛合金基体相界及基体与增强体之间的相界扩散的,并且由镀镍层向心部的方向扩散,越靠近镀镍层的区域组织形貌变化越大,越靠近心部,相较来说组织形貌变化较小。在影响扩散过程的诸多因素之中,晶体缺陷对元素的扩散起着快速通道的作用,晶体缺陷处点阵畸变较大,原子处于较高的能量状态,引起较大的能量起伏,因此由于晶格缺陷的存在会使异质元素扩散激活能减小,加快原子的扩散。金属内部相界本质也是一种晶体缺陷,相界处的扩散激活能相对较小,镍原子很容易达到相界处扩散激活能的最低值,从而发生扩散。因此,镍原子易于沿着相界发生扩散。

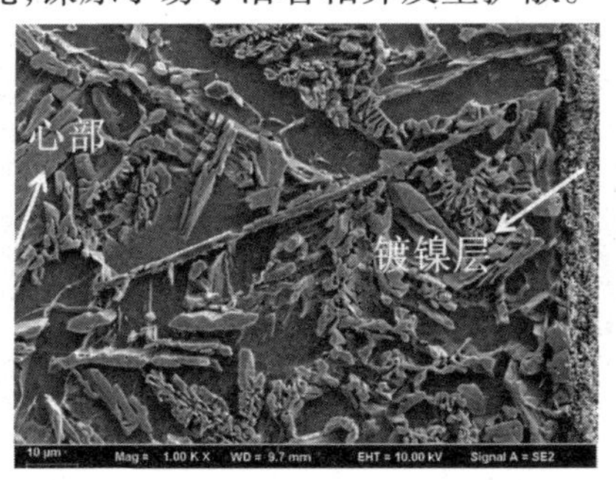

图7-5 975 ℃预扩散2 h后的界面形貌

图7-6是钛基复合材料化学镀镍后经过预扩散热处理的元素分布图。其中,图7-6 a是钛基复合材料截面的SEM图,图7-6 b～e分别是Ti、Ni、Al、V等元素的元素分布图。由图7-6 b可知,钛元素的分布区域不但在原始钛基复合材料处大量分布,还出现在原始镀镍层中,这说明在热处理扩散时,Ti在高温下向镀镍层中出现了扩散,并占据了原始Ni原子存在的位置;从图7-6 c中可以清楚地看到,镍原子也向钛基复合材料内部进行了扩散,但并非像Ti那样均匀扩散,而是沿着钛基复合材料中的相界和晶界向钛基复合材料内部扩散的,这是由于相界处存在大量的晶格缺陷,使扩散激

活能减小,镍原子优先沿相界和晶界向内部扩散;而根据图 7-6 d ~ e 中 Al 元素和 V 元素的分布图可以看出,Al 主要聚集在非 Ni 扩散区域,未出现偏析和聚集现象,而 V 元素却有小部分聚集出现在 Ni 聚集区。

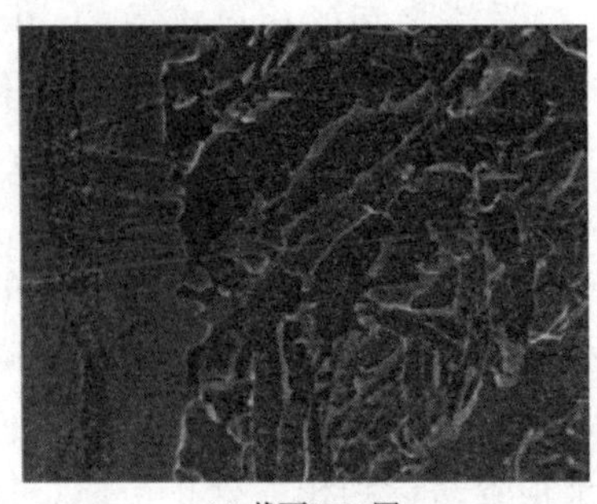

(a) 截面SEM图

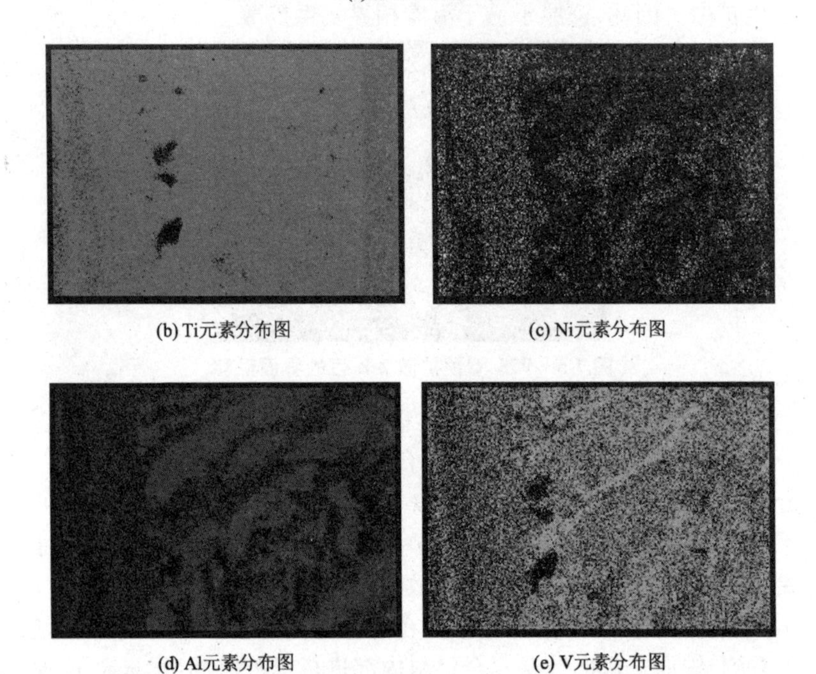

(b) Ti元素分布图　(c) Ni元素分布图

(d) Al元素分布图　(e) V元素分布图

图 7-6　钛基复合材料化学镀镍预扩散热处理后元素分布图

图7-7是钛基复合材料化学镀镍后经过热处理的TEM图,由图7-7 a可以看出,钛基复合材料基体表面分布着板条状的α-Ti和长针状的TiB增强体,并且在增强体和钛基体之间出现了NiTi合金相的过渡层,该合金层是Ni原子在扩散的过程中与Ti形成的合金化合物,因为扩散过程中Ni原子的分布不均匀,不同区域的含量不同,因而就生成不同种类的NiTi的合金相,即NiTi合金层(富镍相区域),成为增强体和钛基体之间的一个过渡层。

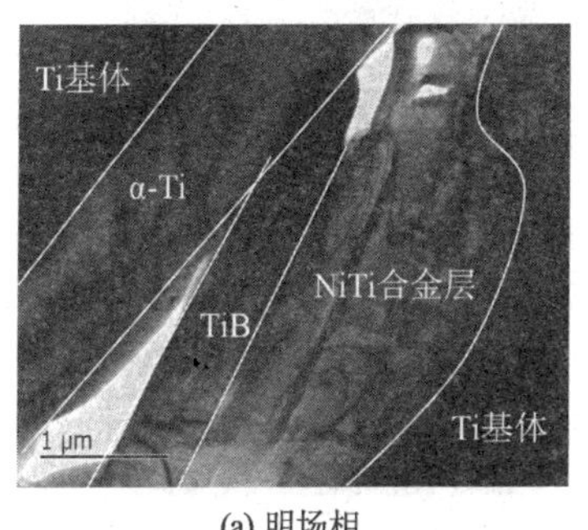

(a) 明场相

(b) 衍射斑点图

图7-7　钛基复合材料化学镀镍预扩散热处理TEM图

为了进一步分析相界处的元素分布情况,利用STEM对镀镍扩散后界面进行元素分析,如图7-8所示。图7-8 a和图7-8 b分别是微区成分分析位置和扫描透射电子显微图像,图7-8 c~f分别是Ti元素、Ni元素、V元素、Al元素的元素分布图。由图可知,扩散后在钛基复合材料基体内部的α-Ti板条之间确实聚集了大量的Ni元素,这都是Ni在高温下通过晶格缺陷形成的快速通道扩散进入钛基复合材料内部在相界面处聚集从而形成NiTi合金的过渡层,这进一步证实了过渡层的存在,其必对钛基复合材料的机械性能和物理化学性能产生较大的影响。如果对该NiTi过渡层控制得当,则可以进一步提高钛基复合材料的性能,这也是本课题研究的目的所在。

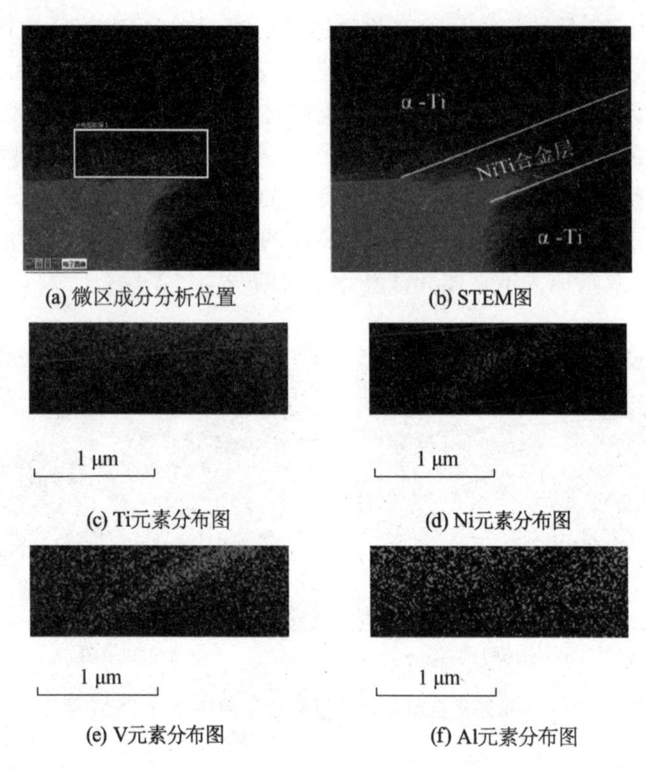

(a) 微区成分分析位置　(b) STEM图

(c) Ti元素分布图　(d) Ni元素分布图

(e) V元素分布图　(f) Al元素分布图

图 7-8　钛基复合材料化学镀镍热处理后相界处的微区成分分析

图 7-9 是化学镀镍后的钛基复合材料试样在不同温度预扩散后的界面形貌。图 7-9 a～b 分别是在 975 ℃和 1 050 ℃高温预扩散 2 h 后的界面形貌,试验过程中除了预扩散温度不同之外,其他的因素均保持一致。从图中可以看出,无论是 975 ℃还是 1 050 ℃,由外侧边缘向心部的方向均有一部分深色的区域,这主要是由于镍原子在向心部扩散过程中形成各种镍钛合金相与基体形成多相区组成的,越靠近界面处,颜色越深,越靠近心部,颜色越浅;除此之外,还可以发现,图 7-9 a 中深色的区域面积大于图 7-9 b 中深色区域的面积。温度对扩散速率的影响,可以引用扩散系数的一般阿累尼乌斯公式来解释:

$$D = D_0 \exp\left(-\frac{Q}{RT}\right) \tag{7-1}$$

式中，D_0 为扩散常数；R 为气体常数，其值为 8.314 J/(mol · K)；Q 代表每摩尔原子的激活能，此处表示的是相界处每摩尔原子扩散的激活能；T 为热力学温度。

由公式(7-1)可知，随着温度的升高，扩散系数增大，镍原子扩散的速率加快，扩散的程度越高。可以清楚地看到，图 7-9 b 中浅色的区域反而较大，这主要是晶界处更多镍原子扩散到基体之中，或者由于温度升高大量镍原子可以通过晶粒内空位的跃迁来扩散，而并不是仅仅利用晶界和相界等晶格缺陷，降低扩散激活能来进行扩散，所以深色多相区域的面积反而相对较小，即镍在钛基复合材料内分布更加均匀。

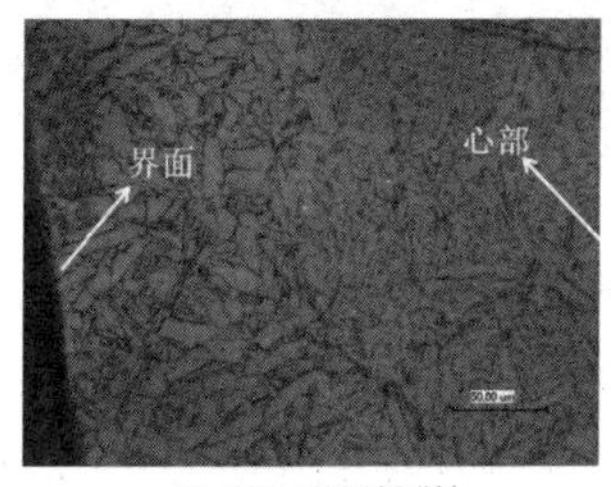

(a) 975 ℃预扩散

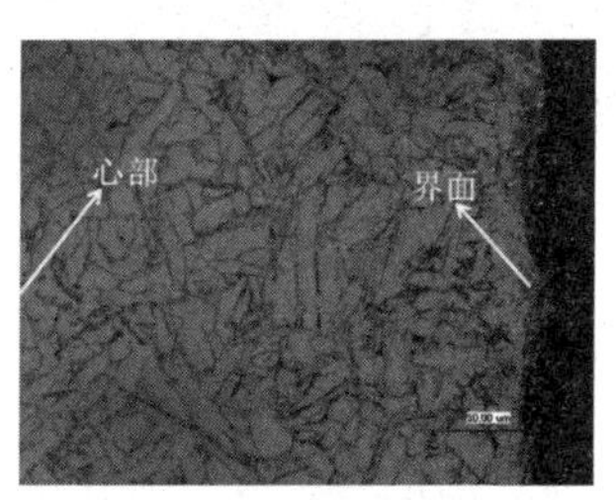

(b) 1 050 ℃预扩散

图 7-9　不同温度预扩散后的界面形貌

7.4　不同温度热处理相变分析

7.4.1　770 ℃热处理

图 7-10 是在化学镀镍的 TMCs 试样在 770 ℃热处理后的组织形貌，其中图 7-10 a 是在 1 050 ℃高温预扩散 2 h 后再经过 770 ℃热处理的组织形貌，图 7-10 b 是未经预扩散处理直接在 770 ℃热处理后的组织形貌。由图可以看出，钛基体表面均分布着针状的 TiB 增强体和颗粒状的 TiC 增强体；图 7-10 a 中的镀镍层较薄，而图7-10 b 中的镀镍层较厚。由于 TMCs 的相变范围为 980 ~

1 035 ℃，因此 770 ℃热处理的过程对钛基体组织影响不大，但是对镍的扩散过程产生了很大的影响，经过预扩散处理的试样原始镀镍层较薄，大部分镍发生了扩散，扩散的深度更大，不断地往心部的方向扩散，扩散的方式沿着相界扩散，沿着相界形成富镍相；而未经预处理扩散的试样镀镍层较厚，由于未经过预扩散处理及热处理温度不高、保温的时间较短等原因，发生镍原子扩散的距离相对较短，扩散的深度也相对较浅，因而镀镍层仍然较厚。

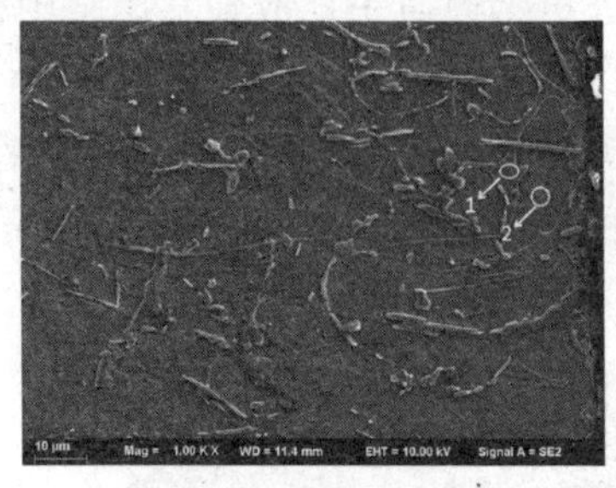

(a) 预扩散

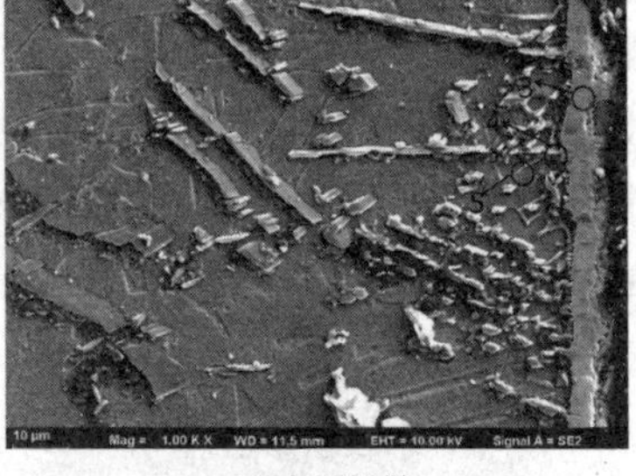

(b) 未预扩散

图 7-10　770 ℃热处理组织形貌

表 7-2 是 770 ℃热处理不同区域物相。根据元素分析可知，经过预扩散处理的试样在 770 ℃热处理时生成的镍钛的化合物主要是 Ti_2Ni，镀镍层附近未发现过渡区的存在；而未经预扩散处理的试样在 770 ℃热处理时生成的镍钛的化合物主要是 Ni_2Ti、NiTi 和 Ti_2Ni，而且这些镍钛的化合物在镀镍层附近形成一个过渡区。其原因主要是，经过预扩散处理的试样镍原子已经沿晶界发生大量的扩散，扩散程度较高，所以此时进一步热处理时，镍原子沿晶界富镍区域与大量多余的 Ti 形成 Ti_2Ni；而未预扩散处理的试样由于镍原子的扩散比较不充分，在不同的区域浓度有所差异，因而在不同的区域便产生了不同种类的镍钛化合物。其产生规律是靠近钛基体的位置，由于 Ti 的成分较多，此时主要生成 Ti_2Ni，而靠近镀镍层的位置，由于 Ni 的成分较多，此时主要生成 Ni_2Ti，而在上述两种镍钛化合物中间的过渡区域，由于镍和钛的成分相当，因此主要生成 NiTi。

表 7-2　770 ℃热处理不同区域物相　　at. %

元素	Ti	Ni	Al	V	物相
1	72. 33	27. 67			Ti_2Ni
2	88. 04	0. 54	10. 57	0. 85	Ti 基体
3	38. 31	61. 69			Ni_2Ti
4	52. 80	47. 20			NiTi
5	76. 64	23. 36			Ti_2Ni

7. 4. 2　950 ℃热处理

图 7-11 是在化学镀镍的 TMCs 试样在 950 ℃热处理后的组织形貌，其中图 7-11 a 是在 1 050 ℃高温预扩散 2 h 后再经过 950 ℃热处理的组织形貌，图 7-11 b 是未经预扩散处理直接在 950 ℃热处理后的组织形貌。由图可以看出，两图中板条状的 α－Ti 十分粗大，呈灰色，基体上还分布着针状的 TiB 增强体和颗粒状的 TiC 增强体。在 α－Ti 板条之间分布着大量层片结构，经过预扩散的样品层片组织区域占比更多。

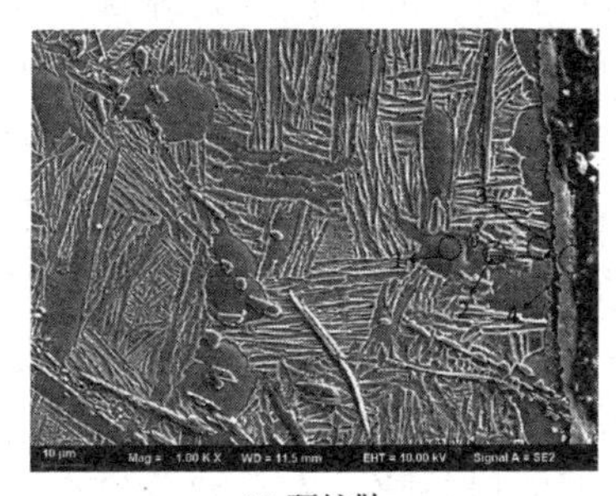
(a) 预扩散

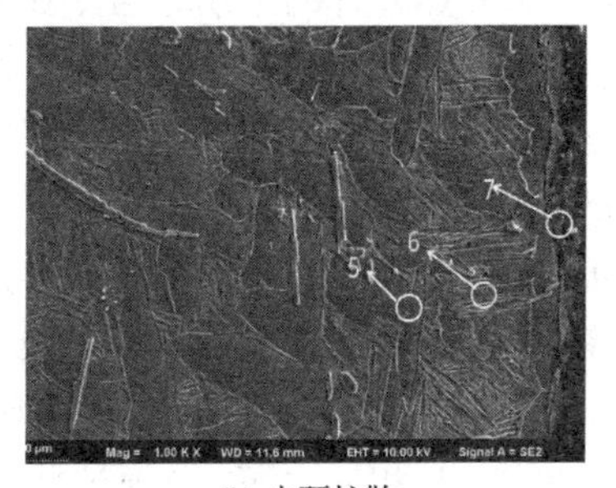

(b) 未预扩散

图 7-11　950 ℃热处理组织形貌

表 7-3 是 950 ℃热处理不同区域物相。根据元素分析可知，经过预扩散处理的试样在 950 ℃热处理时，生成大量的镍钛的化合物和钛的共析组织，其中镍钛的化合物主要是 Ti_2Ni 和 NiTi，且它们存在一个过渡区域，具体位置如图 7-11 所示；而未经预扩散处理

的试样在950 ℃热处理时同样生成大量的镍钛的化合物和钛的共析组织，相对预扩散处理的试样，其数量明显较少。

表7-3　950 ℃热处理不同区域物相　at. %

元素	Ti	Ni	Al	V	O(C、P)	物相
1	87.94	0.27	10.76	1.04		Ti基体
2	70.32	29.68				Ti_2Ni与Ti的共析组织
3	45.74	54.26				NiTi与Ti的共析组织
4	24.82			2.62	余量	Ti的氧化物
5	89.47		10.53			Ti基体
6	71.42	15.78	8.38	4.41		镍钛的化合物
7	24.21		4.89	2.54	余量	Ti的氧化物

7.4.3　1 120 ℃热处理

图7-12是在化学镀镍后的TMCs试样在1 120 ℃热处理后的组织形貌，其中图7-12 a是在1 050 ℃高温预扩散2 h后再经过1 120 ℃热处理的组织形貌，图7-12 b是未经预扩散处理直接在1 120 ℃热处理后的组织形貌。图中均存在点状小孔的聚集区，但是分布不多；预扩散处理的试样表面无裂纹，而未预扩散处理的试样表面有裂纹。其原因可能是：由于温度过高，镍原子的扩散不均匀，已经发生扩散的镍原子基本上全部固溶到钛的基体之中，所以在特定区域会存在许多微孔；预扩散处理后，试样的成分发生了变化，不符合平衡相图中特定温度对应的成分，所以不会产生液相，相比之下，未预扩散处理的试样成分，有一部分符合平衡相图中特定温度对应的成分，此时，根据Ni－Ti平衡相图，在1 120 ℃时，很有可能会发生如下反应：$NiTi + Ni_3Ti \rightarrow L$，也就会产生一部分的液相，在其冷却凝固的过程中，受到周围固体的热胀冷缩作用，容易形成裂纹。从图中可以观察到1 120 ℃高温热处理时缺陷过多，材料力学性能必然会严重恶化，对于实际应用研究意义不大。

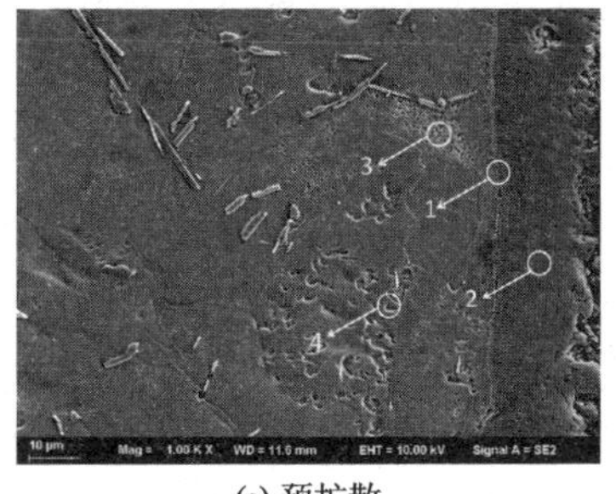

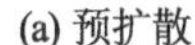
(a) 预扩散

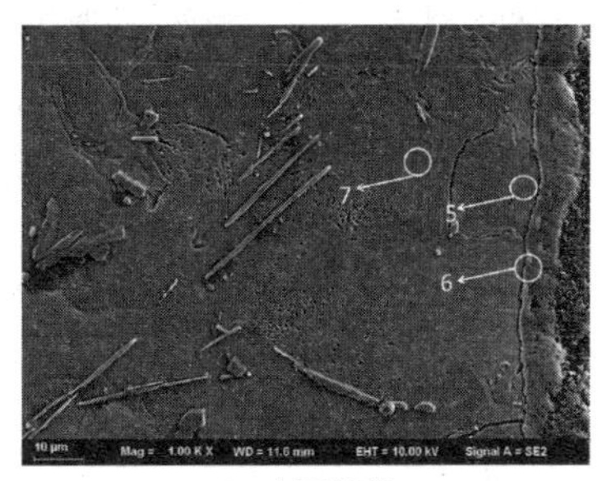

(b) 未预扩散

图7-12　1 120 ℃热处理组织形貌

表7-4是1 120 ℃热处理后不同区域元素分布能谱统计表。根据分析可知,此时TMCs表面原始镀镍层中无法检测到镍的存在,只有界面结合处可以检测出镍的残余,样品其余部分大都是钛基复合材料的成分,而镍的含量都很少。这主要是因为在高温下镍原子的扩散速度增快,从而使镍原子迅速在样品内部均匀化,所以,只在样品表面和镀镍层界面处由于界面缺陷的存在会有镍的残余,其余部位大都形成均匀化的合金,从而使镍原子含量变少。

表7-4　1 120 ℃热处理不同区域物相　　at. %

元素	Ti	Ni	Al	V	O(C)	物相
1	38.16	30.44	3.71	3.74	余量	Ni层
2	27.23		2.81	0.75	余量	Ti氧化层
3	88.22	0.34	8.79	2.65		Ti基体
4	89.08	0.22	8.55	2.16		Ti基体
5	59.05		5.78		余量	Ti基体
6	22.56	1.76	7.22	1.03	余量	Ni层
7	54.78		5.52		余量	Ti基体

对比相同预处理不同温度下热处理的SEM图像可以发现,随着温度的不断提高,镍原子的扩散深度越深,扩散范围越广,相应的组织也越均匀;并且,随着温度的升高,镍原子的扩散速率加快,扩散程度明显提高,镍原子不断向板条状α-Ti晶粒内部扩散;除

此以外,周勇[95]在研究《层叠 Ni/Ti 热扩散形成金属间化合物的规律》中发现:Ni/Ti 扩散偶在固相热处理作用下,金属间化合物在形成过程中,Ti_2Ni 和 Ni_3Ti 优先形成,达到一定厚度之后,NiTi 金属间化合物开始形成并快速增长。这一结论也与本次试验观察到的结果一致,即随着温度的升高,镍原子在扩散的过程中会产生新的镍钛的化合物,其出现的优先次序是先出现 Ti_2Ni、Ni_3Ti,后出现 NiTi。

综合考虑,预扩散处理过程能够加速热处理过程中镍原子的扩散速度,此时镍原子的扩散效果较好;镍原子的扩散方式是先沿着相界扩散,然后不断地向晶粒内部扩展;随着温度的升高和时间的延长,镍原子扩散的过程中会产生新的镍钛化合物,先出现 Ti_2Ni 和 Ni_3Ti,后出现 NiTi。

7.5 不同温度热处理硬度分析

图 7-13 是不同温度热处理后试样表面—心部—表面的硬度曲线图。由图可以看出:整体上镀镍后经过热处理的试样,其表面硬度都高于心部硬度;而预扩散处理后的试样相对比未经预扩散处理的试样硬度有所提升;此外,纵向对比可以发现,随着温度的升高,无论是试样表面的硬度还是心部的硬度都出现了随温度上升先下降后上升的趋势。其中可能的原因是,化学镀镍试样表面在热处理扩散过程中由表层向内部扩散,并形成一系列的金属间化合物相,靠近表面的钛镍化合物相较多,而心部大部分是原始钛基体,硬质的金属间化合物相硬度明显高于钛基体的硬度,因此化学镀镍后的试样表面的硬度高于心部的硬度。而化学镀镍试样由于进行了预扩散处理,镍原子的扩散更加充分,形成的镍钛的化合物相对来说也会较多,对整个试样来说镍钛的化合物占比就会得到提高,多相强化的效果也会比较显著,所以从镀镍层到心部的整体硬度就得到了提升。关于温度跟硬度之间的变化关系可以由细晶强化和固溶强化的综合作用来解释。细晶强化指的是通过形变-再结晶获得较细的晶粒,使强度、硬度和韧性同时提高;而固溶强

化指的是合金元素在基体金属晶格中存在,进而使晶格产生畸变,位错运动阻力加大,强度硬度增加,韧性降低。根据图 7-10、图 7-11 和图 7-12,当温度为 770 ℃时,与在其他两个温度下相比,基体 α－Ti 的板条仍然可以维持在相对较细小的状态,因此与 950 ℃相比,由于细晶强化的作用,此时硬度相对较高;而当温度为 1 120 ℃时,α－Ti 晶粒与 950 ℃相比,并未出现明显粗化。结合 Ti－Ni 二元合金相图可知,在此温度区间,钛和镍两者会有一个较大的互溶相区,因此温度的升高提高了钛基体的固溶度,固溶强化使试样的硬度再次得到提高。而在温度为 950 ℃时,晶粒发生了明显粗化,固溶强化作用却无法弥补由于晶粒粗化引起的强度下降,因而硬度出现了下降现象。

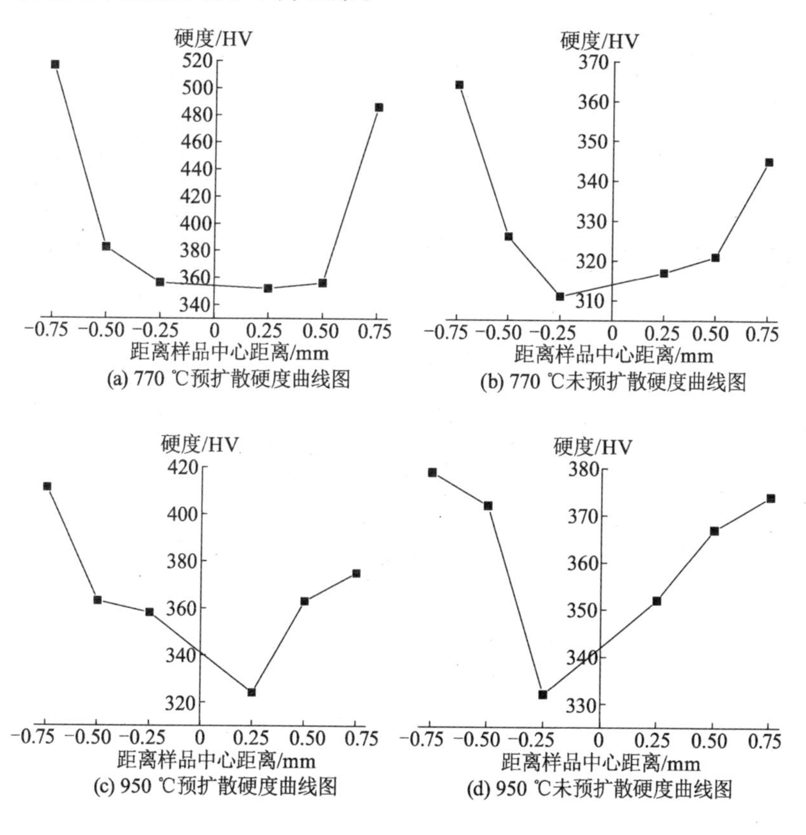

(a) 770 ℃预扩散硬度曲线图　(b) 770 ℃未预扩散硬度曲线图

(c) 950 ℃预扩散硬度曲线图　(d) 950 ℃未预扩散硬度曲线图

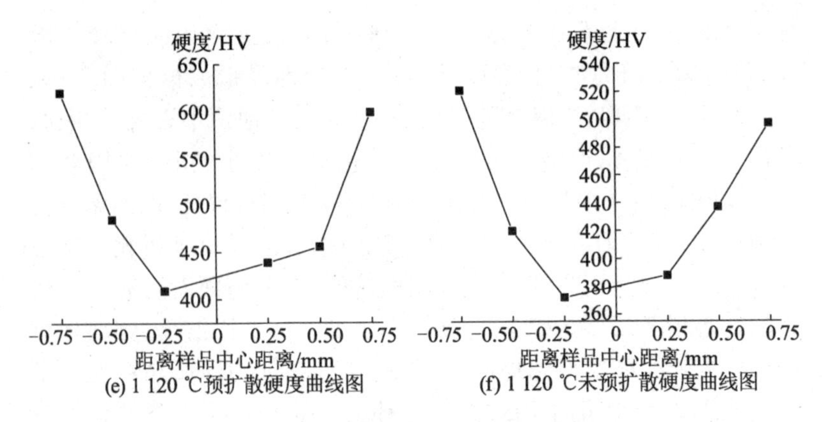

(e) 1 120 ℃预扩散硬度曲线图　　(f) 1 120 ℃未预扩散硬度曲线图

图 7-13　不同温度热处理硬度曲线图

7.6　抗拉强度测试与分析

为了进一步研究不同相界面对钛基复合材料力学性能的影响,本节对镀镍后不同热处理进行室温拉伸试验。若单纯研究界面的影响,与原始钛基复合材料对比,未化学镀镍的 TMCs 试样也进行随炉热处理,从而保证钛基复合材料的基体组织处于相同热处理状态。

7.6.1　室温拉伸性能

图 7-14 为室温拉伸试验得到的应力 - 应变曲线。

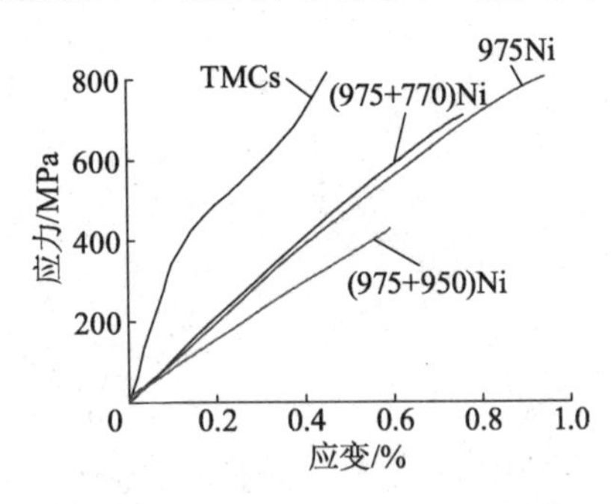

图 7-14　室温拉伸试验应力 - 应变曲线

图中,TMCs为随炉钛基复合材料拉伸曲线;975Ni为TMCs试样经化学镀镍后在975 ℃真空扩散2 h后的拉伸曲线;(975+770)Ni为975 ℃扩散完,再经770 ℃保温30 min后水冷处理的拉伸曲线;(975+950)Ni为975 ℃扩散完后,再经950 ℃保温30 min后水冷处理的拉伸曲线。室温拉伸试验详细结果列于表7-5中。

表7-5　室温力学性能

试样	$\sigma_{0.2}$/MPa	σ_u/MPa	δ/%
TMCs	760	827	0.44
975Ni	510	805	0.94
(975+770)Ni	468	711	0.76
(975+950)Ni	226	430	0.59

由图7-14可以发现通过化学镀镍TMCs应力-应变曲线的斜率整体都出现了降低,也就是其弹性模量出现了下降。这说明化学镀镍的扩散造成钛基复合材料弹性模量的下降。对于多相复合材料来说,硬度与增强相体积百分含量的关系一般可以用混合定律的理论模型来解释[116]:

$$E = E_a V_a + E_b V_b \tag{7-2}$$

TMCs的弹性模量为138 GPa[180],而NiTi合金相的弹性模量处于28~83 GPa[181],因此Ni的扩散形成NiTi合金相会造成复合材料的弹性模量下降。与此同时,复合材料的断裂强度从827 MPa分别下降到805 MPa(975Ni)、711 MPa((975+770)Ni)和430 MPa((975+950)Ni),整体都出现了下降的情况,并且随着扩散温度的升高,强度下降的越严重,但是复合材料的延伸率却从0.44%上升到0.94%(975Ni)、0.76%((975+770)Ni)和0.59%((975+950)Ni),整体都有所增加。

根据前期研究[180],钛基复合材料的强度主要取决于增强体的形态、组织的形貌特点,其理论计算公式为

$$\sigma_y = \sigma_0\left(1 + \frac{\Delta\sigma_{HP}}{\sigma_0}\right)\left(1 + \frac{\Delta\sigma_s}{\sigma_0}\right)\left(1 + \frac{\Delta\sigma_{TiB}}{\sigma_0}\right)\left(1 + \frac{\Delta\sigma_{TiC}}{\sigma_0}\right) \tag{7-3}$$

式中，σ_y 为钛基复合材料的屈服强度，σ_0 为钛基复合材料的基体的屈服强度，$\Delta\sigma_{HP}$是细晶强化引起的强度变化，$\Delta\sigma_s$ 是固溶强化引起的强度变化，而 $\Delta\sigma_{TiC}$和 $\Delta\sigma_{TiB}$分别是增强相 TiC 和 TiB 造成的强度增量。

新界面的增加并未引起强度的提高，反而降低了抗拉强度。结合复合材料的强度计算公式可以推断，一方面，由于 Ni 的扩散形成新的界面相，引起计算公式的变化；另一方面，由于新相的形成造成强化相增强效果的变化。此外，在扩散中形成扩散孔洞等缺陷也会造成钛基复合材料强度的大幅度下降，这在前面的组织照片中得到了证实，如图 7-10、图 7-11 和图 7-12 所示。

在钛基复合材料强度下降的同时，还可以发现延伸率与基体相比有一定的提升，这进一步说明起始材料界面设计得到了一定的实现，梯度性界面缓解了受力过程中复合材料应力集中的现象。此外，由于镀镍层和镍的扩散形成新的界面对于复合材料的抗高温氧化也有一定的作用。

7.6.2　室温拉伸断口分析

图 7-15 为室温拉伸试样的断口形貌，其中图 7-15 a 为钛基复合材料拉伸断口，可以看出经过随炉热处理，钛基复合材料断裂形貌并未发生变化[180]，仍然主要由解理台阶和极少量的韧窝构成，断裂主要是解理断裂和沿晶断裂。

图 7-15 b 为钛基复合材料镀镍后经 975 ℃高温预扩散后的拉伸断口形貌，由图可以看出，其仍然主要为解理断裂，但是韧窝数量明显增多，还可以发现一些准解理的特点。

图 7-15 c 为钛基复合材料镀镍后经 975 ℃高温预扩散后再经过 770 ℃保温后的拉伸断口形貌，由图发现韧窝的数量进一步增多，但是断口中还出现了宽大的沿相界断裂形貌特点，因此会使材料的韧性有所下降。

图 7-15 d 为钛基复合材料镀镍后经 975 ℃高温预扩散后再经过 950 ℃保温后的拉伸断口形貌，材料经 950 ℃保温后水冷处理，几乎看不到韧窝，大都是沿粗大的相界出现的断裂，从而造成材料

的韧性进一步恶化。

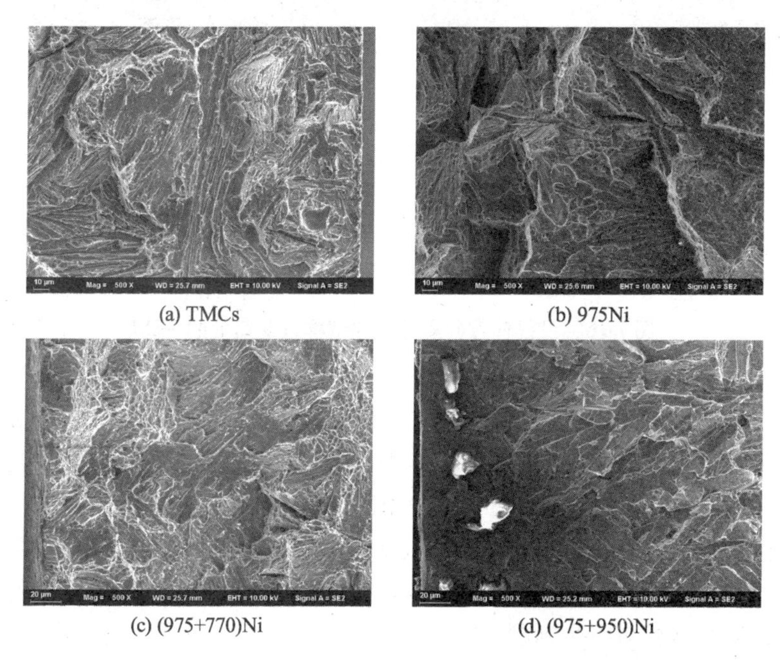

(a) TMCs　(b) 975Ni

(c) (975+770)Ni　(d) (975+950)Ni

图 7-15　室温拉伸断口形貌

7.6.3　断裂机制分析

为了进一步分析不同处理后复合材料的断裂机制，观察拉伸试样靠近断口处的 SEM 形貌，如图 7-16 所示。

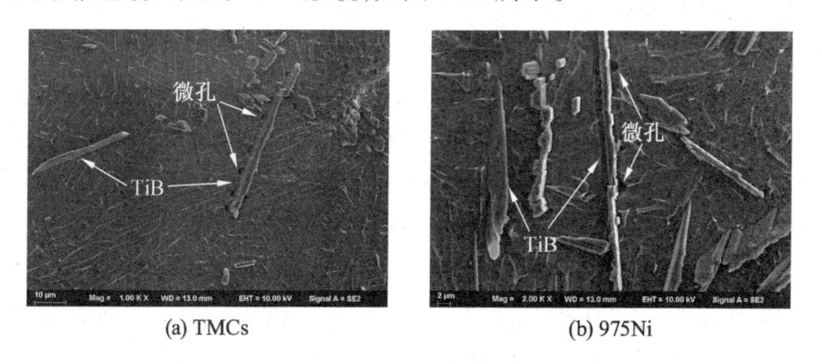

(a) TMCs　(b) 975Ni

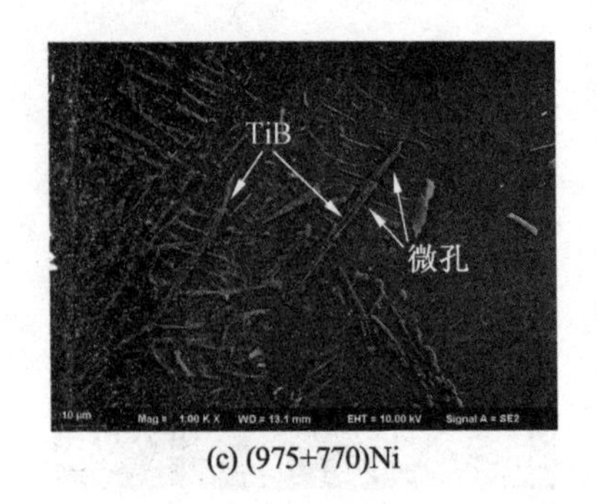

(c) (975+770)Ni

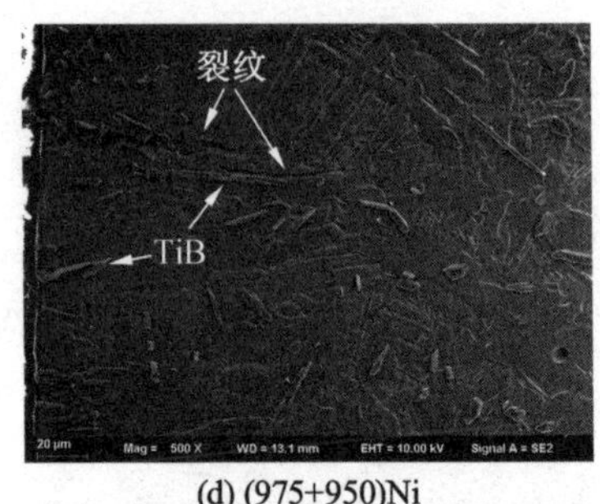

(d) (975+950)Ni

图 7-16　沿拉伸方向室温拉伸试样近断口处的 SEM

图 7-16 a 为钛基复合材料拉伸断口处的 SEM,可以看出,经过随炉热处理,钛基复合材料基体中的 α 板条明显发生了粗化[180],这也是引起材料延伸率下降的原因。除此之外,TiB 在材料拉伸过程中仍然起着非常重要的承受拉力的作用,并产生应力集中,引起 TiB 断裂,产生微孔,通过大量微孔的聚集引起裂纹的扩展,从而使钛基复合材料发生断裂。

图 7-16 b 为钛基复合材料镀镍后经 975 ℃高温预扩散后的拉伸断口处的 SEM,由图可以看出,TiB 在拉伸过程中仍然起了非常重要的作用。但是由于在基体和 TiB 增强体之间形成一层 TiNi 过渡层,所以对于 TiB 的应力集中有所缓解,TiB 上微孔的数量明显减少,TiB 和基体之间更倾向于整体剥离。

图 7-16 c 为钛基复合材料镀镍后经 975 ℃高温预扩散后再经过 770 ℃保温后的拉伸断口处的 SEM,从图中发现 770 ℃保温时会在 TiB 周围生成 NiTi 的共析组织,并且这些共析组织会沿垂直于 TiB 的方向形成,因此在受力时形成一个个小的隔断分割了 TiB,在隔断之间形成裂纹,这有利于阻止微孔的聚集长大,提高材料的延伸率,但同时也会减少 TiB 的有效长度。根据 TiB 对钛基复合材料增强作用的计算公式(见式 7-4[180]),TiB 有效长度的降低会使 TiB 的增强作用减弱,因此也会降低材料的强度。

$$\Delta\sigma_{TiB} = \sigma_{0.2m} 0.5 V_{TiB} \frac{l}{d} \omega_0 \tag{7-4}$$

式中，V_{TiB} 是 TiB 的体积百分含量，l/d 是 TiB 的长径比，ω_0 是 TiB 的方向性参数。

图 7-16 d 为钛基复合材料镀镍后经 975 ℃高温预扩散后再经过 950 ℃保温后的拉伸断口处的 SEM。由图可以发现，钛基复合材料经 950 ℃保温后组织明显粗化，α 板条宽度增长到了 20 μm 以上，裂纹往往产生于试样边界的缺陷处，并且沿着粗大的 α 板条之间的相界扩展，而 TiB 并未发生断裂，因此材料的强度明显降低。

7.7　耐磨性测试与分析

图 7-17 中是不同试样的磨痕表面形貌。将化学镀镍 TMCs 试样 975 ℃高温预扩散简记为 975Ni，化学镀镍 TMCs 试样 975 ℃高温预扩散后 770 ℃热处理简记为(975 + 770) Ni，化学镀镍 TMCs 试样 975 ℃高温预扩散后 950 ℃热处理简记为(975 + 950) Ni。由图 7-17 a 可知，原始钛基复合材料经过磨损试验之后，磨痕较深较宽，可以清晰地看到白色的细小颗粒，磨损严重，其为典型的磨粒磨损。由图 7-17 b 可知，镀镍 975 ℃高温扩散的试样磨痕较浅，伴有少量的起皮现象，但是没有裂纹，为典型的黏着磨损，磨损情况较好；由图 7-17 c ~ d 可知，镀镍 975 ℃高温扩散后经过不同温度热处理的试样表面起皮现象较为严重，并且起皮表面还存在不同程度的裂纹，其磨损也为典型的黏着磨损，但是磨损情况较扩散后未热处理的试样相比要严重一些。综合对比可以初步得出：镀镍扩散后的试样耐磨性最好，镀镍扩散后经过不同温度热处理的试样耐磨性稍有下降，原始钛基复合材料本身的耐磨性最差，即镀镍扩散处理可以显著提高材料的耐磨性。

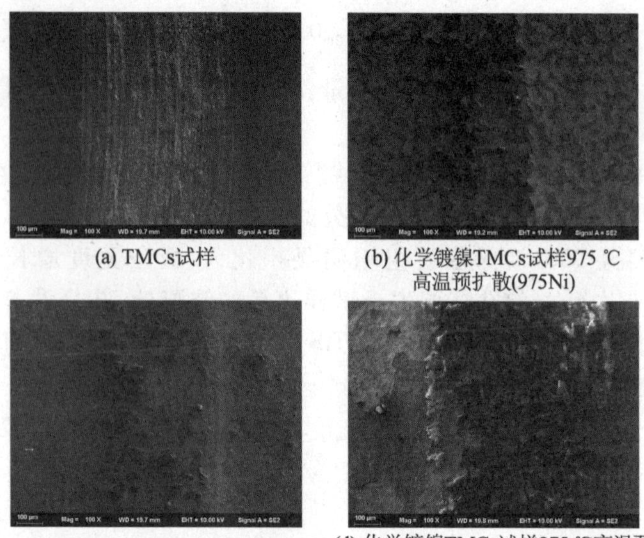

(a) TMCs试样　(b) 化学镀镍TMCs试样975 ℃高温预扩散(975Ni)

(c) 化学镀镍TMCs试样975 ℃高温预扩散后770 ℃热处理(975+770)Ni　(d) 化学镀镍TMCs试样975 ℃高温预扩散后950 ℃热处理(975+950)Ni

图 7-17　不同试样的磨痕表面形貌

图 7-18 中是不同试样的摩擦系数。由图可知,钛基复合材料基体的摩擦系数最低,镀镍后其摩擦系数升高,进一步热处理后其摩擦系数继续升高,摩擦系数与耐磨性没有直接关系,所以必须要进一步分析其磨损量才能确定其耐磨性的变化情况。

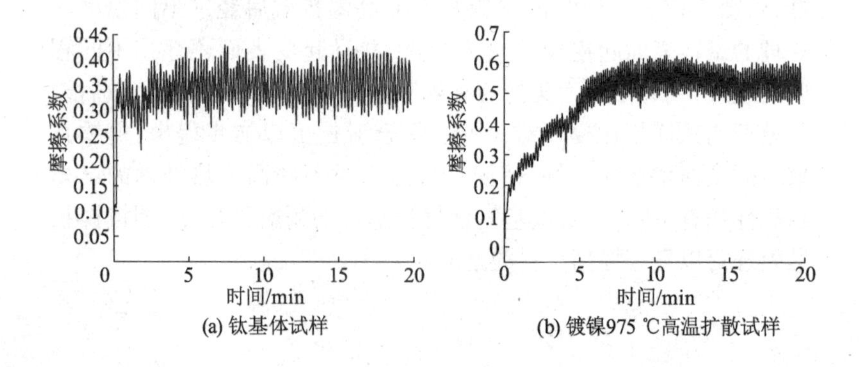

(a) 钛基体试样　(b) 镀镍975 ℃高温扩散试样

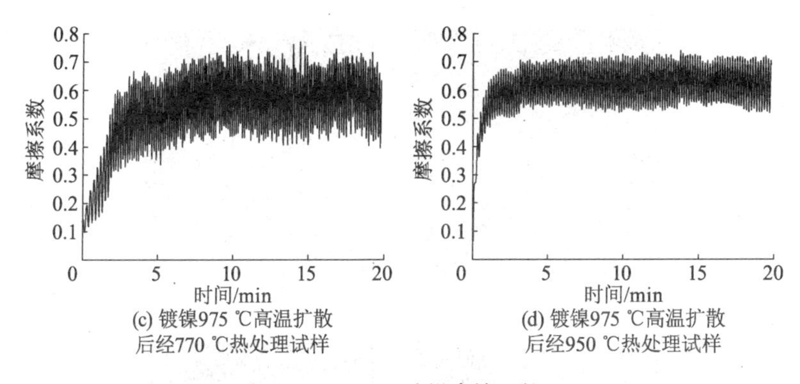

(c) 镀镍975 ℃高温扩散后经770 ℃热处理试样

(d) 镀镍975 ℃高温扩散后经950 ℃热处理试样

图 7-18　不同试样摩擦系数

图 7-19 中是不同试样的磨痕 3D 立体图。表 7-6 中是不同试样的磨痕深度、磨损量及摩擦系数，其中摩擦系数是测试过程中所有时刻摩擦系数的一个平均值，磨痕深度是根据不同试样的 3D 立体图测量出来的。采用 HT－1000 高温摩擦磨损试验机测试不同试样镀层的耐磨性，压头是氮化硅钢球，测试方法是在试样表面圆周式往复摩擦，磨痕半径为 5 mm，压头的压力为 5 N，转速为 0.1 m/s，测试时间为 20 min。结合图 7-19 和表 7-6 可知：原始钛基复合材料的磨痕深度最深，磨损量最大，这说明未处理原始钛基复合材料的耐磨性最差；而镀镍后经过预扩散热处理及不同温度热处理后试样的磨痕深度均较浅，磨损量较小，这说明经过热处理后的镀镍试样耐磨性有所提高；相对于不同温度热处理的镀镍试样，镀镍预扩散试样的磨痕深度较浅，磨损量较低，这说明仅仅镀镍预扩散处理试样的耐磨性最好，优于后期经不同温度热处理镀镍试样的耐磨性。根据前期化学镀镍层的能谱分析可知，化学镀镍层为镍磷复合镀层。镀镍后预扩散处理使表面在形成 NiTi 镀层的同时还会使表面富磷，而进一步的热处理会除去表面富磷层，因此使摩擦系数升高，也使材料磨损率提高，耐磨性下降。

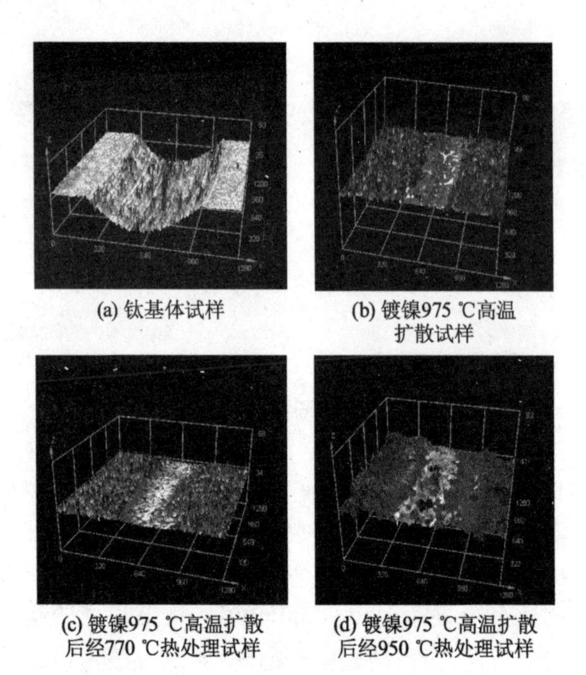

(a) 钛基体试样

(b) 镀镍975 ℃高温扩散试样

(c) 镀镍975 ℃高温扩散后经770 ℃热处理试样

(d) 镀镍975 ℃高温扩散后经950 ℃热处理试样

图 7-19　不同试样磨痕 3D 立体图

表 7-6　不同试样的磨痕深度、磨损量及摩擦系数

试样名称	磨痕深度/μm	磨损量/mm^3	摩擦系数
TMCs	24.6	0.463 7	0.342 7
950Ni	3.0	0.030 4	0.484 0
(950 + 770) Ni	3.4	0.038 6	0.099 7
(950 + 950) Ni	6.8	0.530 0	0.608 8

7.8　本章小结

（1）化学镀镍的 TMCs 试样在预扩散过程中，镍原子基本上是沿着相界扩散的，并且由镀镍层向心部的方向扩散的镍原子逐渐减少，靠近镀镍层镍含量多，靠近心部的镍含量少。预扩散的温度越高，镍的扩散越充分。TMCs 试样化学镀镍后经过不同的扩散热处理会生成多种镍钛的化合物，包括 NiTi、Ni_3Ti 和 Ti_2Ni，其中 Ti_2Ni 是主要的镍钛化合物。预扩散处理过程能够加速热处理过程中镍原子的扩散速度，此时镍原子的扩散效果较好；镍原子的扩散方式是沿着相界扩散，并且不断地向外扩展；随着温度的升高，镍原子扩散的过程中会产生新的镍钛的化合物，先出现 Ti_2Ni 和 Ni_3Ti，后出现 NiTi。

（2）预扩散处理后的试样相比未经预扩散处理的试样硬度有所提升；试样表面硬度高于心部硬度；随着温度的升高，试样无论是表面的硬度还是心部的硬度基本上都是先下降后上升的趋势；镀镍层的硬度基本上高于镍钛的化合物层和基体的硬度；随着温度的升高，无论是镀镍层、镍钛化合物层还是基体，其硬度基本上是先下降后上升的趋势；在同一温度下，预扩散处理的试样整体的硬度高于未经预扩散处理的试样，无论是镀镍层、镍钛化合物层还是基体的硬度均符合这个规律。

（3）TMCs 经化学镀镍并预扩散热处理后强度略有下降，延伸率有所提高，而进一步热处理会使强度进一步降低，但是延伸率并未出现明显的提高。扩散热处理镀镍试样的耐磨性最高，不同温度热处理镀镍试样耐磨性稍有降低，基体试样的耐磨性最差。

参考文献

[1] Hua Y Q, Cai Z R, Chen R F, et al. Experiment and simulation of laser shock processing on fatigue crack growth of TC4 alloy [J]. Advanced Materials Research, 2010, 139 - 141: 1662 - 8985.

[2] Altenberger I, Stach E, Liu G, et al. An in situ transmission electron microscope study of the thermal stability of near-surface microstructures induced by deep rolling and laser-shock peening [J]. Scripta Materialia, 2003, 48(12): 1593 - 1598.

[3] 杨红，陈纲伦. 钛金属及其在建筑上的应用[J]. 工业建筑，2001, 31(12): 81 - 82.

[4] 孔晨华，刘生琳，张子龙，等. 750 kV 输电线路带电作业金属工器具关键技术的研究及应用[C]. 2013 年中国电机工程学会年会论文集, 2013.

[5] Seward G, Celotto S, Prior D, et al. In situ SEM - EBSD observations of the hcp to bcc phase transformation in commercially pure titanium[J]. Acta Materialia, 2004, 52: 821 - 832.

[6] Blue C A, Sikka V K, Blue R A, et al. Infrared transient-liquid-phase joining of SCS - 6/Tiβ21s titanium matrix composite[J]. Metallurgical and Materials Transactions A, 1996, 29 (12): 4011 - 4018.

[7] Murr L, Esquivel E, Quinones S, et al. Microstructures and mechanical properties of electron beam-rapid manufactured Ti - 6Al - 4V biomedical prototypes compared to wrought Ti - 6Al -

4V[J]. Materials Characterization, 2009,60(2):96 -105.
[8] 黄淑阳, 陶海林, 王建斌, 等. 轧制工艺对 Ti -6Al -4V 钛合金棒材组织和性能的影响[J]. 中国钛业, 2012,4:23.
[9] 杨慧丽, 李晓维, 羊玉兰, 等. BTi62 钛合金锻造工艺[J]. 中国有色金属学报, 2010,20(1):815 -818.
[10] Selvakumar M, Chandrasekar P, Mohanraj M, et al. Role of powder metallurgical processing and TiB reinforcement on mechanical response of Ti - TiB composites[J]. Materials Letters, 2015,144:58 -61.
[11] Rastegari H, Abbasi S. Producing Ti -6Al -4V/TiC composite with superior properties by adding boron and thermo - mechanical processing[J]. Materials Science and Engineering A, 2013, 564:473 -477.
[12] Abkowitz S, Heussi H L, Ludwig H P. Titanium carbide/titanium alloy composite and process for powder metal cladding[P]. Google Patents, 1988.
[13] Abkowitz S, Heussi H L, Ludwig H P, et al. Titanium carbides and borides; metal matrix composites [P]. Google Patents, 1989.
[14] 唐灏. 陶瓷和金属间化合物颗粒增强的高性能粉末钛基复合材料[J]. 钛工业进展, 1993(5):20.
[15] 李云钢. 原位自生钛基复合材料高温持久性能研究[D]. 上海交通大学, 2008.
[16] 胡加瑞. 热加工对 TiC 颗粒增强钛基复合材料组织与性能的影响[D]. 中南大学, 2011.
[17] 毛小南, 张廷杰. TiC 颗粒增强钛基复合材料的形变[J]. 稀有金属材料与工程, 2001,30(4):245 -248.
[18] 汤慧萍, 黄伯云, 刘咏, 等. 粉末冶金颗粒增强钛基复合材料研究进展[J]. 粉末冶金技术, 2005,22(5):293 -296.
[19] 耿林, 倪丁瑞, 郑镇洙. 原位自生非连续增强钛基复合材料

的研究现状与展望[J]. 复合材料学报, 2006,23(1):1 -11.
[20] 吴人洁. 金属基复合材料的现状与展望[J]. 金属学报, 1997,33(1):78 -84.
[21] Wanjara P, Yue S, Drew R A, et al. Titanium-based composites produced by powder metallurgy[J]. Key Engineering Materials, Trans Tech Publications, 1996(127 -131):415 -422.
[22] Fan Z, Niu H, Cantor B, et al. Effect of Cl on microstructure and mechanical properties of in situ Ti/TiB MMCs produced by a blended elemental powder metallurgy method[J]. Journal of Microscopy, 1997,185(2):157 -167.
[23] Nakane S, Yamada O, Miyamoto Y, et al. Simultaneous synthesis and densification of TiB/α - Ti (N) composite material by self - propagating combustion under nitrogen pressure[J]. Solid state communications, 1999,110(8): 447 -450.
[24] Yamamoto T, Otsuki A, Ishihara K, et al. Synthesis of near net shape high density TiB/Ti composite[J]. Materials Science and Engineering A, 1997,239:647 -651.
[25] Huang L, Yang F, Hu H, et al. TiB whiskers reinforced high temperature titanium Ti60 alloy composites with novel network microstructure[J]. Materials & Design, 2013,51: 421 -426.
[26] HUANG L J, CUI X P, Lin G, et al. Effects of rolling deformation on microstructure and mechanical properties of network structured TiB_w/Ti composites[J]. Transactions of Nonferrous Metals Society of China,2012,22:79 -83.
[27] Tjong S C, Wang G. Cyclic deformation characteristics of titanium-matrix composite reinforced with in-situ TiB whiskers[J]. Advanced Engineering Materials, 2005,7(1 -2): 63 -68.
[28] Ma Z, Tjong S, Li S. Creep behavior of TiB_w/Ti in-situ composite fabricated by reactive hot pressing[J]. Metallurgical and Materials Transactions A, 2001,32(4):1019 -1022.

[29] Erlin Z, Songyan Z, Zhaojun Z. Microstructure of XDTM Ti - 6Al/TiC composites[J]. Journal of Materials Science, 2000,35(23):5989 - 5994.

[30] Zhang E, Wang H, Zeng S. Microstructure characteristics of in situ carbide reinforced titanium aluminide (Ti_3Al) matrix composites[J]. Journal of Materials Science Letters, 2001,20(18): 1733 - 1735.

[31] Feng H, Jia D, Zhou Y. Spark plasma sintering reaction synthesized TiB reinforced titanium matrix composites[J]. Composites Part A: Applied Science and Manufacturing, 2005, 36(5): 558 - 563.

[32] Feng H, Zhou Y, Jia D, et al. Microstructure and mechanical properties of in situ TiB reinforced titanium matrix composites based on Ti - FeMo - B prepared by spark plasma sintering[J]. Composites Science and Technology, 2004, 64(16): 2495 - 2500.

[33] Wang M M, Lu W J, Qin J N, et al. The effect of reinforcements on superplasticity of in situ synthesized (TiB + TiC)/Ti matrix composite[J]. Scripta Materialia, 2006,54(11):1955 - 1959.

[34] Wang M M, Lu W J, Qin J, et al. Effect of volume fraction of reinforcement on room temperature tensile property of in situ (TiB + TiC)/Ti matrix composites[J]. Materials & Design, 2006,27(6): 494 - 498.

[35] Lu J, Qin J, Lu W, et al. Effect of hydrogen on microstructure and high temperature deformation of (TiB + TiC)/Ti - 6Al - 4V composite[J]. Materials Science and Engineering A, 2009,500(1): 1 - 7.

[36] Ma F, Lu W, Qin J, et al. Hot deformation behavior of in situ synthesized Ti - 1100 composite reinforced with 5 vol. % TiC

particles[J]. Materials Letters, 2006,60(3): 400-405.

[37] Li Y, Xiao L, Lu W, et al. Creep rupture property of in situ synthesized ($TiB + La_2O_3$)/Ti composite[J]. Materials Science and Engineering A, 2008,488(1): 415-419.

[38] Chandravanshi V, Sarkar R, Kamat S, et al. Effect of boron on microstructure and mechanical properties of thermomechanically processed near alpha titanium alloy Ti-1100[J]. Journal of Alloys and Compounds, 2011,509(18): 5506-5514.

[39] Choi B J, Kim Y J. Effect of B4C size on tensile property of (TiB+TiC) particulate reinforced titanium matrix composites by investment casting[J]. Materials Transactions, 2011,52(10): 1926-1930.

[40] Choi B J, Kim Y J. In-situ (TiB+TiC) particulate reinforced titanium matrix composites: Effect of B_4C size and content[J]. Metals and Materials International, 2013,19(6): 1301-1307.

[41] Sung S Y, Kim Y J. Net-shaping of in-situ synthesized (TiC+TiB) hybrid titanium matrix composites[J]. Materials Transactions, 2005,46(3): 726-729.

[42] Kim I, Choi B, Kim Y, et al. Friction and wear behavior of titanium matrix (TiB+TiC) composites[J]. Wear, 2011,271(9): 1962-1965.

[43] Geng K, Lu W, Zhang D. In situ synthesized ($TiB + Y_2O_3$)/Ti composites[J]. Journal of Materials Science Letters, 2003,22(12): 877-879.

[44] Xu D, Lu W J, Yang Z F, et al. In situ technique for synthesizing multiple ceramic particulates reinforced titanium matrix composites ($TiB + TiC + Y_2O_3$)/Ti[J]. Journal of Alloys and Compounds, 2005,400(1-2): 216-221.

[45] Bednarcyk B A, Arnold S M. Fully coupled micro/macro deformation, damage, and failure prediction for SiC/Ti-15-3

laminates[J]. Journal of Aerospace Engineering, 2002,15(3): 74-83.

[46] Koo M Y, Park J S, Park M K, et al. Effect of aspect ratios of in situ formed TiB whiskers on the mechanical properties of TiB_w/Ti-6Al-4V composites[J]. Scripta Materialia, 2012,66(7): 487-490.

[47] Ota A, Yamazaki M, Izui H. Effects of raw powder morphology and size on tensile properties of SPS-consolidated TiB/Ti composites[J]. Key Engineering Materials, Trans Tech Publications, 2012,520:276-280.

[48] Morsi K, Patel V. Processing and properties of titanium-titanium boride (TiB_w) matrix composites—A review[J]. Journal of Materials Science, 2007,42(6): 2037-2047.

[49] Hyman M, McCullough C, Valencia J, et al. Microstructure evolution in TiAl alloys with B additions: Conventional solidification[J]. Metallurgical Transactions A, 1989, 20(9): 1847-1859.

[50] Lütjering G, Williams J C. Titanium [M]. Berlin: Springer, 2007: 367-382.

[51] Wei Z, Cao L, Wang H, et al. Modification and control of TiC morphology by various ways in arc melted TiC/Ti-6Al-4V composites[J]. Materials Science and Technology, 2011, 27(2): 556-561.

[52] Lin Y, Zee R, Chin B. In situ formation of three-dimensional TiC reinforcements in Ti-TiC composites[J]. Metallurgical Transactions A, 1991,22(4): 859-865.

[53] Zhang E, Jin Y, Zeng S, et al. Temperature dependence of morphology of TiC reinforcement in in situ Ti-6Al/TiC composites[J]. Journal of Materials Science Letters, 2001,20(11): 1063-1065.

[54] Kooi B, Pei Y, De Hosson J T M. The evolution of microstructure in a laser clad TiB – Ti composite coating[J]. Acta Materialia, 2003,51(3): 831 – 845.

[55] Lu W, Zhang D, Zhang X, et al. Microstructural characterization of TiB in in situ synthesized titanium matrix composites prepared by common casting technique[J]. Journal of Alloys and Compounds, 2001,327(1): 240 – 247.

[56] Lu W, Xiao L, Geng K, et al. Growth mechanism of in situ synthesized TiB sub w in titanium matrix composites prepared by common casting technique [J]. Materials Characterization, 2008,59(7): 912 – 919.

[57] 吕维洁，原位自生钛基复合材料研究综述[J]. 中国材料进展,2010,29(4):4.

[58] Fan Z, Chandrasekaran L, Ward-Close C, et al. The effect of pre-consolidation heat treatment on TiB morphology and mechanical properties of rapidly solidified Ti – 6Al – 4V – XB alloys [J]. Scripta Metallurgica et Materialia, 1995, 32 (6): 833 – 838.

[59] Panda K, Chandran K R. Synthesis of ductile titanium – titanium boride (Ti – TiB) composites with a beta – titanium matrix: The nature of TiB formation and composite properties[J]. Metallurgical and Materials Transactions A, 2003, 34 (6): 1371 – 1385.

[60] Feng H, Zhou Y, Jia D, et al. Stacking faults formation mechanism of in situ synthesized TiB whiskers[J]. Scripta Materialia, 2006,55(8): 667 – 670.

[61] Kitkamthorn U, Zhang L, Aindow M. The structure of ribbon borides in a Ti – 44Al – 4Nb – 4Zr – 1B alloy[J]. Intermetallics, 2006,14(7): 759 – 769.

[62] Xiao L, Lu W, Yang Z, et al. Effect of reinforcements on high

temperature mechanical properties of in situ synthesized titanium matrix composites[J]. Materials Science and Engineering: A, 2008,491(1): 192 - 198.

[63] Ma F, Lu W, Qin J, et al. Strengthening mechanisms of carbon element in in situ TiC/Ti - 1100 composites[J]. Journal of Materials Science, 2006,41(16): 5395 - 5398.

[64] Lu W, Zhang D, Zhang X, et al. Microstructure and tensile properties of in situ (TiB + TiC)/Ti6242 (TiB : TiC = 1 : 1) composites prepared by common casting technique[J]. Materials Science and Engineering: A, 2001,311(1): 142 - 150.

[65] Mimoto T, Nakanishi N, Umeda J, et al. Mechanical properties and strengthening mechanism of pure Ti powder composite material reinforced with carbon nano particles[J]. Transactions of JWRI, 2011,40(2): 63 - 68.

[66] Yanbin L, Yong L, Huiping T, et al. Fabrication and mechanical properties of in situ TiC/Ti metal matrix composites[J]. Journal of Alloys and Compounds, 2011,509(8): 3592 - 3601.

[67] Huang L, Geng L, Peng H, et al. Room temperature tensile fracture characteristics of in situ TiBw/Ti6Al4V composites with a quasi - continuous network architecture[J]. Scripta Materialia, 2011,64(9): 844 - 847.

[68] Huang L J, Geng L, Li A, et al. In situ TiBw/Ti - 6Al - 4V composites with novel reinforcement architecture fabricated by reaction hot pressing[J]. Scripta Materialia,2009,60(11):996 - 999.

[69] Lu W, Zhang D, Zhang X, et al. Microstructure and tensile properties of in situ synthesized (TiBw + TiCp)/Ti6242 composites[J]. Journal of Materials Science,2001,36(15):3707 - 3714.

[70] Guo X, Wang L, Wang M, et al. Effects of degree of deforma-

tion on the microstructure, mechanical properties and texture of hybrid - reinforced titanium matrix composites[J]. Acta Materialia, 2012,60(6): 2656 - 2667.

[71] 刘帅,王阳,刘常升. 激光熔化沉积技术在制备梯度功能材料中的应用[J]. 航空制造技术, 2018,61(17): 47 - 56.

[72] Tokita M. Development of large-size ceramic/metal bulk FGM fabricated by spark plasma sintering[J]. Materials Science Forum, Trans Tech Publications,1999(308 - 311):83 - 88.

[73] Liew K, He X, Kitipornchai S. Finite element method for the feedback control of FGM shells in the frequency domain via piezoelectric sensors and actuators[J]. Computer Methods in Applied Mechanics and Engineering, 2004,193(3 - 5):257 - 273.

[74] 王豫,姚凯伦. 功能梯度材料研究的现状与将来发展[J]. 物理, 2000, 29 (04): 206 - 211.

[75] 于化顺. 金属基复合材料及其制备技术[M]. 北京: 化学工业出版社, 2006.

[76] 周跃亭,李星. 具裂纹复合材料周期接触问题[C]. 科技、工程与经济社会协调发展——中国科协第五届青年学术年会论文集,2004.

[77] Zhou Y, Li X, Qin J. Transient thermal stress analysis of orthotropic functionally graded materials with a crack[J]. Journal of Thermal Stresses,2007, 30(12): 1211 - 1231.

[78] 曾泉浦,王彰默,毛小南,等. 颗粒强化钛基复合材料的研究[J]. 稀有金属材料与工程, 1991(6):33 - 38.

[79] Konitzer D, Loretto M. Interfacial interactions in titanium - based metal matrix composites[J]. Materials Science and Engineering: A, 1989(107): 217 - 223.

[80] 曾泉浦,毛小南,陆锋. TiC 颗粒强化钛基复合材料的界面反应[J]. 稀有金属材料与工程, 1992, (4):14 - 18.

[81] 吕维洁,张小农,张荻,等. 原位 (TiB + TiC)/Ti 复合材料

中 TiB/Ti 界面的微结构研究[J]. 电子显微学报, 2001(1): 56 - 62.

[82] 郭海祥. 化学镀技术应用新进展[J]. 金属热处理,2001(1): 9 - 12.

[83] 姜晓霞, 沈伟. 化学镀理论及实践[M]. 北京:国防工业出版社,2000.

[84] 谢华. Ni - P - 金刚石化学复合镀镀层的组织结构与性能[D]. 长沙: 中南大学, 2002.

[85] 张朝阳, 魏锡文, 张海东, 等. Ni - P 化学镀的机理及其研究方法[J]. 中国有色金属学报,2001, 11(S1): 199 - 201.

[86] 彭群家, 穆道彬, 马莒生, 等. Ni/ZrO_2 复合电沉积机理的研究 [J]. 电化学, 1999, 5 (1): 68 - 74.

[87] 陶永顺, 周喜斌. 高磷高稳定性高耐蚀性化学镀镍磷合金镀液研究[J]. 化工机械, 2003,30(5): 263 - 267.

[88] 刘波, 庄志强, 刘勇, 等. 粉体的表面修饰与表面包覆方法的研究[J]. 中国陶瓷工业, 2004,11(1): 50 - 54.

[89] Yeh S, Wan C. A study of SiC/Ni composite plating in the Watts bath[J]. Plating and Surface finishing,1997,84(3):54 - 58.

[90] 周啸, 尚慧兰, 杜文义. 基体表面状况, 表面活性剂浓度对 Ni - P - PTFE 化学镀层结构的影响[J]. 材料保护, 2000,33(6): 1 - 3.

[91] Bram M, Ahmad - Khanlou A, Heckmann A, et al. Powder metallurgical fabrication processes for NiTi shape memory alloy parts [J]. Materials Science and Engineering: A, 2002,337(1 - 2): 254 - 263.

[92] Nishida M, Wayman C. Electron microscopy studies of precipitation processes in near - equiatomic TiNi shape memory alloys[J]. Materials Science and Engineering, 1987(93): 191 - 203.

[93] Otsuka K, Ren X. Recent developments in the research of shape memory alloys[J]. Intermetallics,1999,7(5):511 - 528.

[94] 邵茜. 扩散工艺制备 TiNi 薄膜和 Ti/Ni 扩散偶及 Ti-Ni 系互扩散行为的研究[D]. 上海:上海交通大学, 2015.

[95] 周勇, 杨冠军, 吴限, 等. 层叠 Ni/Ti 热扩散形成金属间化合物的规律[J]. 焊接学报, 2010(9): 41-44.

[96] Ni D R, Geng L, Zhang J, et al. Fabrication and tensile properties of in situ TiBw and TiCp hybrid-reinforced titanium matrix composites based on Ti-B_4C-C[J]. Materials Science and Engineering: A, 2008, 478(1-2): 291-296.

[97] Ranganath S, Vijayakumar M, Subrahmanyan J. Combustion-assisted synthesis of Ti-TiB-TiC composite via the casting route[J]. Materials Science and Engineering: A, 1992, 149(2): 253-257.

[98] Zhang X, Lü W, Zhang D, et al. In situ technique for synthesizing (TiB + TiC)/Ti composites[J]. Scripta Materialia, 1999, 41 (1): 39-46.

[99] Qin Y, Lu W, Zhang D, et al. Oxidation of in situ synthesized TiC particle-reinforced titanium matrix composites[J]. Materials Science and Engineering: A, 2005, 404(1): 42-48.

[100] Xu D, Lu W, Yang Z, et al. In situ technique for synthesizing multiple ceramic particulates reinforced titanium matrix composites (TiB + TiC + Y_2O_3)/Ti[J]. Journal of Alloys and Compounds, 2005, 400(1): 216-221.

[101] 梁英教, 车荫昌. 无机物热力学数据手册[M]. 沈阳:东北大学出版社, 1993.

[102] 王南平, 张其平. 熵增大的放热反应的不可逆程度与温度的关系[J]. 沈阳工业大学学报, 2002, 24(4): 357-360.

[103] 栗志. 物理化学系统过程不可逆性的量化[J]. 河南理工大学学报（自然科学版）, 2009, 28 (4): 527-531.

[104] 张颖. 吉布斯自由能的多功能性质探讨[J]. 大学化学, 2011, 26(2): 67-72.

[105] Lu W, Zhang D, Zhang X, et al. Growth mechanism of reinforcements in in – situ synthesized(TiB + TiC)/Ti composites [J]. Transactions of the Nonferrous Metals Society of China (China), 2001,11(1): 67 – 71.

[106] Lu W, Zhang D, Zhang X, et al. Microstructural characterization of TiC in in situ synthesized titanium matrix composites prepared by common casting technique[J]. Journal of Alloys and Compounds, 2001,327(1): 248 – 252.

[107] Zhu J, Kamiya A, Yamada T, et al. Influence of boron addition on microstructure and mechanical properties of dental cast titanium alloys[J]. Materials Science and Engineering: A, 2003,339(1): 53 – 62.

[108] Villars P, Prince A, Okamoto H. Handbook of ternary alloy phase diagrams [M]. ASM International, Materials Park, OH,1995.

[109] Choi B J, Sung S Y, Kim Y J. (TiB + TiC) hybrid titanium matrix composites shot sleeve for aluminum alloys diecasting [J]. Advanced Materials Research, Trans Tech Publications, 2007,15 – 17: 231 – 235.

[110] Lu J Q, Lu W J, Liu Y, et al. Microstructure and tensile properties of in situ synthesized (TiB + TiC)/Ti – 6Al – 4V composites[J]. Key Engineering Materials, Trans Tech Publications, 2007,351:201 – 207.

[111] Srinivasan R, Tamirisakandala S. Influence of trace boron addition on the directional solidification characteristics of Ti – 6Al – 4V[J]. Scripta Materialia,2010,63(12): 1244 – 1247.

[112] Tamirisakandala S, Bhat R, Tiley J, et al. Grain refinement of cast titanium alloys via trace boron addition[J]. Scripta Materialia, 2005,53(12): 1421 – 1426.

[113] Sen I, Tamirisakandala S, Miracle D, et al. Microstructural

effects on the mechanical behavior of B - modified Ti - 6Al - 4V alloys[J]. Acta Materialia,2007,55(15): 4983 - 4993.

[114] 郭青蔚. 金属二元系相图手册[M]. 北京: 化学工业出版社, 2009.

[115] 唐仁政, 田荣璋. 二元合金相图及中间相晶体结构[M]. 长沙:中南大学出版社,2009.

[116] Mordyuk B, Iefimov M, Prokopenko G, et al. Structure, microhardness and damping characteristics of Al matrix composite reinforced with AlCuFe or Ti using ultrasonic impact peening [J]. Surface and Coatings Technology, 2010,204(9 - 10): 1590 - 1598.

[117] Yang Y, Lu H, Yu C, et al. First - principles calculations of mechanical properties of TiC and TiN[J]. Journal of Alloys and Compounds, 2009,485(1): 542 - 547.

[118] Wang F C, Zhang Z, Luo J, et al. A novel rapid route for in situ synthesizing TiB - TiB_2 composites[J]. Composites Science and Technology, 2009,69(15): 2682 - 2687.

[119] Schuh C, Nieh T, Iwasaki H. The effect of solid solution W additions on the mechanical properties of nanocrystalline Ni [J]. Acta Materialia, 2003,51(2): 431 - 443.

[120] Suzuki A, Saddock N D, Riester L, et al. Effect of Sr additions on the microstructure and strength of a Mg - Al - Ca ternary alloy[J]. Metallurgical and Materials Transactions A, 2007,38(2): 420 - 427.

[121] Ryen Ø, Holmedal B, Nijs O, et al. Strengthening mechanisms in solid solution aluminum alloys[J]. Metallurgical and Materials Transactions A,2006,37(6):1999 - 2006.

[122] Mishima Y, Ochiai S, Hamao N, et al. Solid solution hardening of nickel-role of transition metal and B-subgroup Solutes[J]. Japan Institute of Metals, Transactions, 1986(27): 656 - 664.

[123] Wang J, Guo X, Xiao L, et al. Effect of B_4C on the microstructure and mechanical properties of As - Cast TiB + TiC/TC4 composites[J]. Acta Metallurgica Sinica (English Letters), 2014,27(2): 205 - 210.

[124] Qin Y, Geng L, Ni D. Dry sliding wear behavior of extruded titanium matrix composite reinforced by in situ TiB whisker and TiC particle[J]. Journal of Materials Science, 2011,46(14): 4980 - 4985.

[125] Li Y G, Xiao L, Lu W J, et al. Creep rupture property of in situ synthesized (TiB + La_2O_3)/Ti composite[J]. Materials Science and Engineering: A, 2008, 488 (1): 415 - 419.

[126] Ranganath S, Vijayakumar M, Subrahmanyan J. Combustion - assisted synthesis of Ti - TiB - TiC composite via the casting route[J]. Materials Science and Engineering: A, 1992, 149 (2): 253 - 257.

[127] Wang J, Guo X, Wang L, et al. The influence of B_4C on the fluidity of Ti - 6Al - 4V - xB_4C composites[J]. Materials Transactions, 2014,55(9): 1367 - 1371.

[128] Ferri O M, Ebel T, Bormann R. The influence of a small boron addition on the microstructure and mechanical properties of Ti - 6Al - 4V fabricated by metal injection moulding[J]. Advanced Engineering Materials, 2011,13(5): 436 - 447.

[129] Hill D, Banerjee R, Huber D, et al. Formation of equiaxed alpha in TiB reinforced Ti alloy composites[J]. Scripta Materialia, 2005,52(5): 387 - 392.

[130] Li J, Wang L, Qin J, et al. The effect of heat treatment on thermal stability of Ti matrix composite[J]. Journal of Alloys and Compounds, 2011,509(1): 52 - 56.

[131] Li J, Wang L, Qin J, et al. Thermal stability of in situ synthesized (TiB + La_2O_3)/Ti composite[J]. Materials Science and

Engineering: A, 2011,528(15): 4883 -4887.
[132] Wang M M, Lu W J, Qin J N, et al. Superplastic behavior of in situ synthesized (TiB + TiC)/Ti matrix composite[J]. Scripta Materialia, 2005,53(2): 265 -270.
[133] 雷力明, 黄光法, 王方秋, 等. 基体组织对 TiC/Ti -6Al -4V 复合材料断裂韧性的影响[J]. 金属热处理, 2014,39(9): 100 -103.
[134] De Barros M, Rats D, Vandenbulcke L, et al. Influence of internal diffusion barriers on carbon diffusion in pure titanium and Ti -6Al -4V during diamond deposition[J]. Diamond and Related Materials, 1999,8(6): 1022 -1032.
[135] Cadoff I, Nielsen J P. Titanium-carbon phase diagram[J]. J. Metals, 1953,5: 1564.
[136] Rangaswamy P, Prime M B, Daymond M, et al. Comparison of residual strains measured by X -ray and neutron diffraction in a titanium (Ti -6Al -4V) matrix composite[J]. Materials Science and Engineering: A, 1999,259(2): 209 -219.
[137] Jones C, Kiely C, Wang S. The characterization of an SCS6/Ti -6Al -4V MMC interphase[J]. Journal of Materials Research, 1989,4(2): 327 -335.
[138] Zhao Z S, Zhou X F, Wang L M, et al. Universal Phase Transitions of B1-Structured Stoichiometric Transition Metal Carbides[J]. Inorganic Chemistry,2011,50(19):9266 -9272.
[139] Spreadborough J, Christian J. The measurement of the lattice expansions and debye temperatures of titanium and silver by X-ray methods[J]. Proceedings of the Physical Society, 1959, 74: 609 -615.
[140] Elmer J, Palmer T, Babu S, et al. In situ observations of lattice expansion and transformation rates of α and β phases in Ti -6Al -4V[J]. Materials Science and Engineering: A,

2005,391(1):104 - 113.

[141] Gorsse S, Chaminade J, Le Petitcorps Y. In situ preparation of titanium base composites reinforced by TiB single crystals using a powder metallurgy technique[J]. Composites Part A: Applied Science and Manufacturing, 1998,29(9): 1229 - 1234.

[142] Cheng T. The mechanism of grain refinement in TiAl alloys by boron addition—An alternative hypothesis[J]. Intermetallics, 2000,8(1): 29 - 37.

[143] Nandwana P, Nag S, Hill D, et al. On the correlation between the morphology of α and its crystallographic orientation relationship with TiB and β in boron - containing Ti - 5Al - 5Mo - 5V - 3Cr - 0.5Fe alloy[J]. Scripta Materialia, 2012, 66(8): 598 - 601.

[144] Kato M, Fujii T, Onaka S. Elastic strain energies of sphere, plate and needle inclusions[J]. Materials Science and Engineering: A, 1996, 211(1): 95 - 103.

[145] Lee J K, Barnett D, Aaronson H. The elastic strain energy of coherent ellipsoidal precipitates in anisotropic crystalline solids [J]. Metallurgical Transactions A, 1977, 8(6): 963 - 970.

[146] Onaka S, Fujii T, Kato M. The elastic strain energy of a coherent inclusion with deviatoric misfit strains[J]. Mechanics of materials, 1995, 20(4): 329 - 336.

[147] Kato M, Fujii T, Onaka S. Elastic state and orientation of needle - shaped inclusions[J]. Acta Materialia, 1996, 44(3): 1263 - 1269.

[148] Sen I, Ramamurty U. Elastic modulus of Ti - 6Al - 4V - xB alloys with B up to 0.55 wt.%[J]. Scripta Materialia, 2010, 62(1): 37 - 40.

[149] Fan Z, Miodownik A, Chandrasekaran L, et al. The Young's moduli of in situ Ti/TiB composites obtained by rapid solidifica-

tion processing[J]. Journal of Materials Science, 1994,29(4): 1127 - 1134.

[150] Van Der Merwe J. Crystal interfaces. Part I. Semi-infinite crystals[J]. Journal of Applied Physics, 1963,34: 117.

[151] Stanford N, Bate P. Crystallographic variant selection in Ti - 6Al - 4V[J]. Acta Materialia, 2004,52(17): 5215 - 5224.

[152] Hyman M E, McCullough C, Valencia J J, et al. Microstructure evolution in TiAl alloys with B additions: Conventional solidification[J]. Metallurgical Transactions A, 1989,20(9): 1847 - 1859.

[153] Feng H, Zhou Y, Jia D, et al. Growth mechanism of in situ TiB whiskers in spark plasma sintered TiB/Ti metal matrix composites[J]. Crystal Growth & Design,2006,6(7):1626 - 1630.

[154] Xiao L, Lu W, Qin J, et al. High-temperature tensile properties of in situ-Synthesized titanium matrix composites with strong dependence on strain rates[J]. Journal of Materials Research, 2008,23(11): 3066 - 3074.

[155] Shi R, Wang Y. Variant selection during α precipitation in Ti - 6Al - 4V under the influence of local stress - A simulation study[J]. Acta Materialia, 2013,61(16): 6006 - 6024.

[156] Guo X, Wang L, Wang M, et al. Texture evolution of hot - rolled, near - α - based titanium matrix composites[J]. Metallurgical and Materials Transactions A, 2012, 43(9): 3257 - 3263.

[157] Liu B, Huang L, Geng L, et al. Gradient grain distribution and enhanced properties of novel laminated Ti - TiBw/Ti composites by reaction hot - pressing[J]. Materials Science and Engineering: A, 2014,595: 257 - 265.

[158] Huang L, Kong F, Chen Y, et al. Microstructure and tensile properties of Ti - 6Al - 4V - 0. 1 B alloys of direct rolling in the

near β phase region[J]. Materials Science and Engineering: A, 2013, 560: 140 - 147.

[159] Huang L, Geng L, Li A, et al. In situ TiBw/Ti - 6Al - 4V composites with novel reinforcement architecture fabricated by reaction hot pressing[J]. Scripta Materialia, 2009, 60(11): 996 - 999.

[160] Kim Y J, Chung H, Kang S J L. Processing and mechanical properties of Ti - 6Al - 4V/TiC in situ composite fabricated by gas - solid reaction[J]. Materials Science and Engineering: A, 2002, 333(1 - 2): 343 - 350.

[161] Qin J N, Zhang D, Lu W J, et al. Microstructure and tensile properties of in situ synthesized (TiB + TiC)/Ti - 6Al - 4V composites[J]. Key Engineering Materials, 2007, 351: 201 - 207.

[162] Choi B J, Kim Y J. Effect of B_4C size on tensile property of (TiB + TiC) particulate reinforced titanium matrix composites by investment casting[J]. Materials Transactions - JIM, 2011, 52(10): 1926.

[163] Carlton C, Ferreira P. What is behind the inverse Hall - Petch effect in nanocrystalline materials? [J]. Acta Materialia, 2007, 55(11): 3749 - 3756.

[164] Salem A A, Kalidindi S R, Doherty R D. Strain hardening regimes and microstructure evolution during large strain compression of high purity titanium[J]. Scripta Materialia, 2002, 46(6): 419 - 423.

[165] Scheu C, Stergar E, Schober M, et al. High carbon solubility in a γ - TiAl - based Ti - 45Al - 5Nb - 0.5C alloy and its effect on hardening[J]. Acta Materialia, 2009, 57(5): 1504 - 1511.

[166] Butt M, Feltham P. Solid - solution hardening[J]. Journal of

Materials Science, 1993,28(10): 2557 -2576.
[167] Caceres C, Rovera D. Solid solution strengthening in concentrated Mg - Al alloys[J]. Journal of Light Metals, 2001,1(3):151 -156.
[168] Fukuda H, Chou T W. A probabilistic theory of the strength of short - fibre composites with variable fibre length and orientation[J]. Journal of Materials science, 1982, 17(4): 1003 - 1011.
[169] Ramakrishnan N. An analytical study on strengthening of particulate reinforced metal matrix composites[J]. Acta Materialia, 1996,44(1): 69 -77.
[170] Kohn D, Ducheyne P. Tensile and fatigue strength of hydrogen-treated Ti -6Al -4V alloy[J]. Journal of Materials Science, 1991,26(2): 328 -334.
[171] Odegard B C, Thompson A W. Low temperature creep of Ti - 6Al -4V[J]. Metallurgical Transactions, 1974,5(5): 1207 - 1213.
[172] 贾丽敏，徐达鸣，赵光伟，等. 离心力对 TC4 钛合金铸件孔洞及线收缩率的影响[J]. 特种铸造及有色合金,2009(9): 827 -829.
[173] 隋艳伟，李邦盛，刘爱辉，等. 离心铸造钛合金件的力学性能变化规律[J]. 稀有金属材料与工程,2009,38(2):251 - 254.
[174] Xiao L, Lu W, Qin J, et al. Creep behaviors and stress regions of hybrid reinforced high temperature titanium matrix composite [J]. Composites Science and Technology, 2009, 69(11): 1925 -1931.
[175] Umezawa O, Nagal K. Subsurface crack generation in high-cycle fatigue for high strength alloys: Special issue on fatigue, cyclic deformation and microstructure[J]. ISIJ international,

1997,37(12):1170-1179.

[176] Gorsse S, Miracle D. Mechanical properties of Ti-6Al-4V/TiB composites with randomly oriented and aligned TiB reinforcements[J]. Acta Materialia, 2003,51(9):2427-2442.

[177] Geng K, Lu W, Zhang D. Microstructure and tensile properties of in situ synthesized ($TiB + Y_2O_3$)/Ti composites at elevated temperature[J]. Materials Science and Engineering: A, 2003, 360(1-2):176-182.

[178] Ewalds H, Wanhill R. Fracture Mechanics[M]. London: Edward Arnold, 1984.

[179] 张志明. 金属材料断裂韧性的研究[D]. 上海: 上海交通大学, 2011.

[180] Wang J, Guo X, Qin J, et al. Microstructure and mechanical properties of investment casted titanium matrix composites with B_4C additions[J]. Materials Science and Engineering: A, 2015,628:366-373.

[181] Sun L, Huang W M. Nature of the multistage transformation in shape memory alloys upon heating[J]. Metal Science and Heat Treatment, 2009, 51:573-578.